Adobe Photoshop
新手快速进阶实例教学

王楠 著

电子工业出版社
Publishing House of Electronics Industry
北京·BEIJING

内容简介

本书用案例的形式讲述快速掌握Adobe Photoshop常用功能的技巧,以及完成基础作品的制作方法和原理,让初学者在逐渐学会软件基础操作的同时也能完成一个一个的小作品。本书分为4章,内容包括基础知识之快速入门、基础案例之初级磨炼、提升知识之升级技能、提升案例之高级进阶。

本书适合想要快速入门Adobe Photoshop的初学者阅读。

未经许可,不得以任何方式复制或抄袭本书之部分或全部内容。
版权所有,侵权必究。

图书在版编目(CIP)数据

Adobe Photoshop新手快速进阶实例教学 / 王楠著. —北京:电子工业出版社,2020.1
ISBN 978-7-121-37848-5

Ⅰ.①A… Ⅱ.①王… Ⅲ.①图象处理软件 Ⅳ.①TP391.413

中国版本图书馆CIP数据核字(2019)第248049号

责任编辑:官 杨
印　　刷:北京东方宝隆印刷有限公司
装　　订:北京东方宝隆印刷有限公司
出版发行:电子工业出版社
　　　　　北京市海淀区万寿路173信箱　邮编:100036
开　　本:787×980　1/16　印张:11.5　字数:320千字
版　　次:2020年1月第1版
印　　次:2020年4月第2次印刷
定　　价:79.00元

凡所购买电子工业出版社图书有缺损问题,请向购买书店调换。若书店售缺,请与本社发行部联系,联系及邮购电话:(010)88254888,88258888。
质量投诉请发邮件至zlts@phei.com.cn,盗版侵权举报请发邮件至dbqq@phei.com.cn。
本书咨询联系方式:010-51260888-819,faq@phei.com.cn。

本书使用说明

"嗨,大家好,我是本书作者。本书以图文介绍的形式,主要讲解了案例制作的重点细节,以及相关知识的记忆点。另外部分案例配套视频课程(见"读者服务",获取本书配套素材),目的是让大家从不同角度学习,尝试在新环境下制作多种多样的作品。"

登录doyoudo官方网站,搜索"PS"查看更多教程。在doyoudo学习也可以变成一件有趣、上瘾的事情。

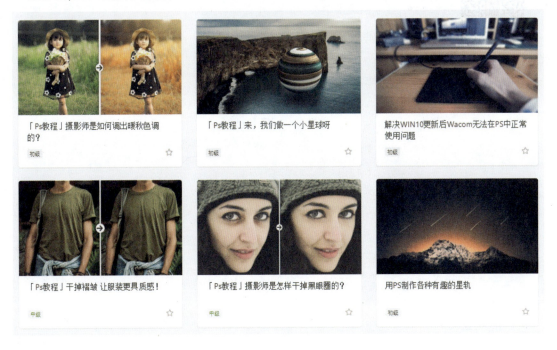

本书配套素材示例如下，获取方式参考"读者服务"。

9图层素材　　15蒙版　　18校色　　26钢笔　　31修复工具　　34黑白照变彩色　　39证件照　　51通道抠像

69雨后风景　　77大头娃娃　　90线筑图　　99文字肖像海报　　106CR　　111复古工笔画　　122穿插海报　　157实物拼接

164原图增益

读者服务

微信扫码回复：37848

- 获取本书配套素材
- 获取精选书单推荐
- 获取博文视点学院 20 元优惠券

目 录

第1章 基础知识之快速入门

1.1 基础操作 2
1.1.1 打开素材图 2
1.1.2 建立工作区 3
1.1.3 保存文件 4

1.2 工具面板 4
1.2.1 移动工具 5
1.2.2 选框工具 6
1.2.3 套索工具 6
1.2.4 吸管工具 6
1.2.5 污点修复画笔工具 6
1.2.6 画笔工具 7
1.2.7 仿制图章工具 7

1.2.8　橡皮擦工具 7

　　　1.2.9　油漆桶工具 7

　　　1.2.10　渐变工具 8

　　　1.2.11　钢笔工具 8

　　　1.2.12　文字工具 8

　　　1.2.13　形状工具 9

　　　1.2.14　抓手工具 9

　1.3　图层 9

　　　1.3.1　图层关系 10

　　　1.3.2　混合模式 11

　　　1.3.3　不透明度 12

　　　1.3.4　图层样式 12

　　　1.3.5　图层组 14

　　　1.3.6　新建图层 14

　　　1.3.7　删除图层 15

　1.4　蒙版的奥义 15

　1.5　正确的校色方法 18

　1.6　征服钢笔工具 26

　1.7　巧用修复工具 31

第2章　基础案例之初级磨炼

　2.1　让黑白照片变成彩色照片 34

　2.2　做一张完美的证件照 39

第3章 提升知识之升级技能

3.1 使用通道抠像 50
3.1.1 抠取毛发 50
3.1.2 抠取半透明的物体 60

3.2 液化功能 69
3.2.1 雨后风景——玻璃窗上的手写字 69
3.2.2 大头小身的娃娃 77

3.3 画笔 90
3.3.1 用线汇聚成图像 90
3.3.2 制作以文字堆积的肖像海报 99
3.3.3 Camera Raw 106
3.3.4 建立自己的滤镜库 106
3.3.5 复古工笔画 111

第4章 提升案例之高级进阶

4.1 海报制作 121
4.1.1 穿插风格海报 121
4.1.2 扁平风海报 130

4.2 影像创意 156
4.2.1 影像创意之实物拼接 156
4.2.2 影像创意之原图增益 163

第1章

基础知识之快速入门

1.1 基础操作

本节我们将学习关于 Photoshop（以下简称"PS"）的基础操作，包括打开素材图、建立工作区，以及保存文件等实用技巧。另外，本书中的案例使用的软件版本是 Photoshop CC 2015，并不是最新的版本，但 CC 系列软件界面大致相同，除了对一些功能的优化以外，大部分操作都是共通的。

> **提示**
>
> PS 的 CC 系列和 CS 系列是有区别的。CC（Creative Cloud）的含义是"创意云"，而 CS（Creative Suite）的含义是"创意套包"。CC 系列相比 CS 系列最主要的优势是，使用 CC 系列软件可以把所制作的源文件保存到"云"里，当登录 Adobe 的账号时，就可以在云空间里找到自己的文件了。此外，它还拥有软件崩溃后的恢复功能，这个功能在关键时刻非常重要！

1.1.1 打开素材图

有三种方法可以打开素材图。

方法一：在菜单栏中选择"文件→打开"命令，如图 1-1 所示。

图 1-1

方法二：找到图片所在的文件夹的目录。

在图片所在的文件夹中选择需要的素材图,并且将需要的素材图直接拖入 PS 中的空白区域。此时,你会发现 PS 已经按照图片的原始大小建立好一个画布。

方法一和方法二适用的场景为:在没有画布尺寸要求的情况下使用。当有画布尺寸要求时就要使用方法三了。

方法三:在菜单栏中选择"文件→新建"命令,如图 1-2 所示。新建窗口中,可以设置文件的名称、画布大小,以及颜色模式等信息,设置好后,单击"确定"按钮。在新建窗口中,可以设置文件的名称、画布大小、以及颜色模式等信息,设置好后单击"确定"按钮。此时新建的画布是空白的,因为我们并没有导入任何素材图。此时只要按照方法二,往自定义建立的画布中拖入素材图就可以了。

图 1-2

1.1.2 建立工作区

每个人使用 PS 的目的不同,有的是为了绘画,有的是为了做海报,有的是为了修图。为了适应不同的操作场景,我们可以自定义工作区的功能。大家只要在"窗口"菜单下选择自己想要的常用工具即可。选中的工具会被添加到界面右侧的快捷栏(红色选框区域)里,如图 1-3 所示。

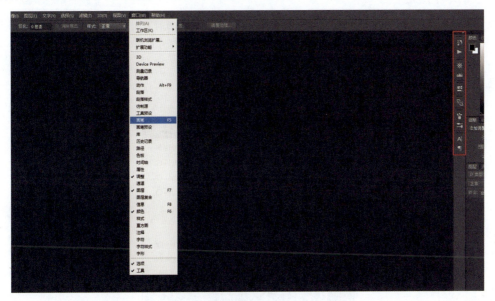

图 1-3

当把想要添加到快捷栏的工具都勾选后,就可以单击 PS 界面右上角的"基本功能"按钮了,然后在下拉菜单中选择"新建工作区"选项,如图 1-4 所示。此时弹出"新建工作区"对话框,在"名称"文本框中输入好名字后,单击"存储"按钮即可,如图 1-5 所示。

图 1-4

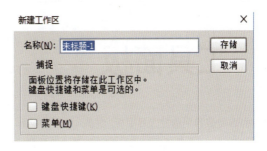

图 1-5

提示

"名称"是为了方便大家切换工作区用的。如果大家建了很多自定义的工作区,那么有条理性地命名,会使各个工作区的用途或特点一目了然。

1.1.3 保存文件

我们平时在制图时,要养成随手保存文件的习惯。这样当软件因各种原因崩溃时,你才不会"泪流满面"。PS 和一般应用软件一样,有两种常用的保存文件的方式,一种是"存储",一种是"存储为",如图 1-6 所示。这两种保存方式的区别在于:"存储"会覆盖上一次保存的文件;"存储为"则是命名并作为新文件进行备份,不会覆盖上一次保存的文件。所以当大家不确定要保存的文件为最终版时,可以用"存储为"的方式来保存不同版本的文件,做到万无一失。

图 1-6

提示

通常在制图时,默认的文件保存格式为 PSD 格式,也就是 PS 的源文件,即可以随时在 PS 中打开文件并继续对其进行修改。在制图完成后,一般将文件保存为 JPEG 格式的和 PNG 格式的,前者是普通图片格式,后者是保存带有透明背景的图片时使用的格式。

1.2 工具面板

在使用 PS 时最常用的是工具面板。很多人在最开始学习 PS 时,会想把工具面板中的工具快捷键都记下来,其实没必要这么做,因为当把鼠标指针移动到某个工具图标上稍作停留时,就可以看到该工具的名称及快捷键的提示了。

工具面板中的工具快捷键如图 1-7 所示。

图 1-7

提示

工具图标右下角有小三角标志的,表示里面有隐藏工具。如果在之后的操作中发现没有在案例中可使用的工具,可在工具图标上长按鼠标左键或右击,调出隐藏工具,就可以找到想要的工具了。

1.2.1 移动工具

移动工具 是用来移动画布中的素材内容的工具。如果未选中需要移动的素材所在的图层,那么将无法对素材进行移动操作。

有一个方法可以简化我们的操作,例如在选择移动工具时,移动工具的属性栏会切换出当前选中工具的一些命令,如图 1-8 所示。勾选"自动选择"复选框后,就可以通过直接在画面中单击素材的方法来快速找到它所在的图层位置,并且可以直接移动素材,无须先选择素材图所在的图层。

图 1-8

但对于这个功能,建议还是在快速寻找素材所在图层时使用为好,因为它的"自动化",很容易让你在无意中把不需要移动的素材变更了位置。所以平时还是不要勾选此选项为好。

1.2.2 选框工具

选框工具 是用来框选画面中的像素的,当然也可以用它来画方形、圆形,然后对图形填充颜色。在选框工具图标的右下角,有一个小小的灰色小三角,说明它有隐藏工具。调出隐藏工具,如图 1-9 所示。

图 1-9

选框工具的属性栏如图 1-10 所示,其中最常用的是"羽化"功能。使用此功能可以让选区边缘自动柔和,当想做一个带有柔和效果边缘的素材时,可以利用这个功能实现想要的效果。羽化的参数值(像素)的大小决定了边缘柔和的程度,如图 1-11 所示。

图 1-10　　　　　　　　　　　　　　　　图 1-11

1.2.3 套索工具

套索工具 和选框工具的作用基本相同。不同的是,它可以框选不规则的形状,是一个相对自由的选择工具。套索工具的属性栏如图 1-12 所示,它也具有"羽化"功能。可见 PS 中的工具之间是有共通性的,只要了解了其中一种工具的使用方法,那么对于同类型工具的操作也就一同掌握了。

图 1-12

1.2.4 吸管工具

吸管工具 是用来吸取图像颜色(信息)的。当然,被吸取的颜色一定存在于 PS 画布区中,吸管工具无法获得 PS 画布区以外的颜色。

1.2.5 污点修复画笔工具

污点修复画笔工具 是图像修复类工具(在后面的内容中会通过案例来具体讲解它的用法)。

1.2.6 画笔工具

画笔工具 是用来涂改图像的。不同的是，它除了可以绘制普通线条外，还可以通过添加笔刷图案来绘制各种笔触或图像，如图 1-13 所示。

图 1-13

1.2.7 仿制图章工具

仿制图章工具 是通过涂抹拷贝图像中任意位置的像素的，通常用它来拷贝一个选定位置的像素，以覆盖不想要的像素。如图 1-14 所示，假如想用此素材来制作一个表情图，就可以用仿制图章工具拷贝白色区域的像素，把图像中的眼睛、嘴巴覆盖掉。

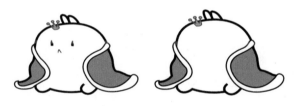

图 1-14

1.2.8 橡皮擦工具

橡皮擦工具 是用来擦除图像中的局部内容的。橡皮擦工具的属性栏如图 1-15 所示。如果不想一下把图像擦除，而是想要"轻微"地擦除，那么可以通过调节不透明度和流量的参数实现需要的效果。

图 1-15

1.2.9 油漆桶工具

油漆桶工具 是用来给我们选择的图像区域铺上颜色的。这个工具需要配合前景颜色一起使用，否则填充的颜色就不是我们想要的颜色，所以在用油漆桶工具填充颜色之前，一定要记得修改前景颜色。

1.2.10　渐变工具

渐变工具 在油漆桶工具的隐藏工具列表中。这里特意介绍渐变工具，是因为它实在太常用了。渐变工具和油漆桶工具一样，都是给画面"铺"颜色用的。但不同的是，渐变工具是用来做渐变色填充的，并且有丰富的渐变方式。渐变工具的属性栏如图 1-16 所示。

图 1-16

很多有金属质感的文字，如图 1-17 所示，其实都是使用渐变工具绘制出来的。

图 1-17

1.2.11　钢笔工具

钢笔工具 是我们绘制平面图形时最常用到的工具之一。它除具有勾绘图案的功能外，还可以用于对图片进行精准抠像。当需要一个非常精致的透明背景素材时，没有什么抠像方法能比用钢笔工具抠出来的图像更细腻了，效果如图 1-18 所示。

图 1-18

1.2.12　文字工具

文字工具 是用来给图像添加文字的。在文字工具的属性栏中，可以更改文字的字体样式、大小、对齐方式等参数，如图 1-19 所示。

图 1-19

1.2.13 形状工具

形状工具 有点像选框工具和钢笔工具的"结合体",它和选框工具一样,都可以画几何体。不同的是,它会生成一个带有路径的形状图层。在形状工具的属性栏中,可以修改绘制形状的颜色、增加描边效果等,如图 1–20 所示。而选框工具只能画一个选区,一旦我们取消选区的"蚂蚁线",画面中将不会存留任何信息。

图 1-20

1.2.14 抓手工具

抓手工具  是用来移动画布的。当我们需要观察画布局部的内容时,可以放大画布,然后用抓手工具移动画布到我们想要观察的地方。在通常情况下是不需要特意使用抓手工具的快捷键的,而是长按空格键,让工具的选择状态暂时切换到抓手工具。当把画布移动到想要观察的位置时,再松开空格键,让工具的选择状态重回到之前使用的工具模式。这样操作既简单又方便。

至此,笔者已经把常用的工具做了简单的介绍,具体如何使用,在后面的内容中会通过案例进行讲解。

1.3 图层

导入素材图后,PS 界面右下角的图层面板中会出现背景图层,如图 1–21 所示。图层面板是 PS 的"核心"。可以说,所有用 PS 制作出来的效果图都是在图层面板中一层层"叠加"出来的。

图 1-21

当然,图层面板不仅具有建立图层这个功能,它还有很多其他的辅助功能及命令,如混合模式、不透明度、蒙版等,都是我们在处理图像时会频繁用到的功能或命令。

1.3.1 图层关系

PS 画布中展现出来的所有画面都是在图层面板中一层层"叠加"出来的效果，如图 1-22 所示，上面的图层会遮挡下面的图层。

图 1-22

如果用三维视角看图层关系，图 1-22 所示画面的图层"上下级"关系如图 1-23 所示。从左到右，依次是画板、图片、镜头光晕、文字，以及 LOGO。通过图层一层层地叠加才完成此图像。

图 1-23

1.3.2 混合模式

在图层面板中,除图层列表外,还可以看到选项、按钮以及数值框,如图 1-24 所示。这些辅助功能都是依附于图层的,也就是说,只有针对图层设置它们才会有效果,否则没有任何用处。

图 1-24

这些辅助功能有很多是我们在制作图层中会经常使用到的。首先,了解一下混合模式的用处。混合模式是指用不同的方法将当前图层对象的颜色与下面图层对象的颜色混合,通过混合模式得到的颜色为最终颜色。在示例效果中,其中一个图层就使用了混合模式,那就是镜头光晕图层,我们可以看到它的模式为"滤色",如图 1-25 所示。滤色是指过滤掉图像中的暗部信息,保留亮部信息,让画面具有"漂白"的效果。

图 1-25

在最终的图像中有一个非常闪耀的光晕效果。那么,如果把镜头光晕这个图层的混合模式恢复为正常模式,又会呈现怎样的效果呢?将图 1-25 中红框标示的选项选为"正常",光晕的效果就"消失"了,只剩下黑色的背景。

如果想切换为其他模式,可以用鼠标的滚轮或者键盘的上、下键进行切换,选择其中你最喜欢的混合模式即可。但前提是至少要有两个图层来保证它们的颜色可以互相混合,叠加出新的颜色。

1.3.3 不透明度

不透明度是指当前图层的透明度的百分比数值。为什么前面有个"不"字呢？因为在默认状态下，图层都是百分之百显示的，也就是说没有降低透明度，因此这个参数被称为"不透明度"。当设置图层的不透明度为 50% 时，可以看到当前图层中的图像会变成半透明的样子，如图 1-26 所示。

图 1-26

1.3.4 图层样式

PS 自带多种图层样式，可以方便地设置图层效果，单击图层面板下部的"添加图层样式"图标，如图 1-27 所示。在打开的"图层样式"菜单中，可以选择喜欢的效果，如图 1-28 所示。

图 1-27

图 1-28

在选择其中一个效果之后,会弹出"图层样式"对话框,如图 1-29 所示,里面有各个图层样式对应的颜色、角度等具体信息。

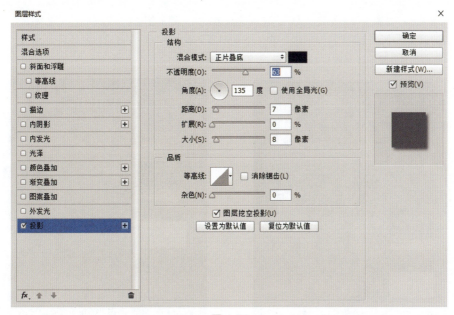

图 1-29

在调节好参数后,就可以单击对话框右上角的"确定"按钮。图 1-30展示了给 LOGO 添加了投影效果后的样子。此时,在图层列表中的当前图层名称下会显示应用图层样式信息(投影效果)。另外,如果想要修改图层样式里的参数,只需双击"投影"字样,就可以再次打开"图层样式"对话框进行修改了。

图 1-30

第1章 基础知识之快速入门 | 13

1.3.5 图层组

　　随着图层的增多，在很多时候想找到一个图层并对其进行修改很费劲，所以图层面板为我们准备了整理归档的功能，即图层组，如图 1-31 所示。我们只需要选择想归为一组的图层，然后单击图层面板下方的"创建新组"图标，就可以让选中的图层直接归到这个组中，双击图层列表中的组名字就可以修改名称，如图 1-32 所示，修改组名称是为了方便我们以后快速找到该组。

图 1-31

图 1-32

1.3.6 新建图层

　　新建图层就是创建一个新的空白图层，可以通过单击图层面板下方的"创建新图层"图标（见图 1-33）或使用快捷键 Ctrl+Shift+N。然后，这时可以随意地在新图层上添加需要的信息了。

图 1-33

　　这里需要说明一下，曾经有人问笔者，为什么他的空白图层不是透明的，而是灰白相间的格子，如图 1-34 所示。因为在 PS 里，透明图层就是以灰白相间的格子显示的。

提示

如果想保存透明背景的图片，记得在保存时要选择 PNG 格式。

图 1-34

1.3.7 删除图层

既然有新建图层功能，就有删除图层功能。和新建图层的操作类似，可以通过单击图层面板下方的"删除图层"图标（见图 1–35），拖动图层到图标上或使用快捷键 Delete 删除不需要的图层。

图 1-35

1.4 蒙版的奥义

蒙版的作用是做一个"遮罩层"，把不需要显示的图像部分"藏"起来，只显示需要显示的部分。蒙版也可以在图层面板里设置，如图 1–36 所示。之所以单独拿出来讲，是因为蒙版是 PS 里一个非常强大的功能，很多时候我们需要它的帮助才能做出想要的效果。为了让大家能更好地理解蒙版的功能和操作方法，下面介绍一个非常简单的案例。

"猫脸女孩儿"的效果是如何实现的呢？如果想只留下猫的图片的部分内容，通常大家会用橡皮擦工具对猫的图片进行擦除，只留下眼睛、鼻子、耳朵。用这个方法确实可以实现操作目标，但有一个问题，就是我们无法对它进行再修改，除非你用撤销功能（撤销一次快捷键为 Ctrl+Z；

图 1-36

第 1 章　基础知识之快速入门 | 15

撤销多次快捷键为 Ctrl+Alt+Z，注意在 PS CC2019 中使用 Ctrl+Z 即可实现持续撤销）对之前的操作进行撤销。但如果你的文件已经保存并已退出软件，那么撤销功能也无法帮你了。为了让后续修改工作更方便，我们选择使用图层蒙版实现擦除、淡化的效果。

　　首先，从磁盘文件夹中把小女孩的素材图拖入 PS 中。我们要养成一个好习惯，就是一旦需要对原素材图进行修改，就先复制该图层并修改图层名称（快捷键为 Ctrl+J），如图 1-37 所示。这样做是为了防止由于我们操作失误而将原素材图毁掉。

图 1-37

　　复制好图层后，需要把要合成的猫咪图片导入画布中，这时图片会处于自由变换的状态。把猫咪图层的不透明度稍微降低，然后用移动工具调整它的位置，并且把鼠标指针放在四个角的任意一个手柄侧上方的位置，如图 1-38 所示，调整猫咪图像的角度以匹配小女孩的脸部。

　　再把鼠标指针指向四个角的任意一个手柄，如图 1-39 所示。这和旋转的操作很相似，不过一个是指向角手柄的侧上方，一个是指向角手柄（注意鼠标指针形态的变化）。

图 1-38

图 1-39

调整好后，按住 Shift+Alt 组合键（PS CC2019 中只需按住 Alt 键），然后拖曳图片，以中心点为轴同比缩放猫咪图像。尽量和小女孩的面部五官大小契合，然后双击或按回车键退出自由变换状态，如图 1-40 所示。对好位置后，我们就可以把猫咪图层的不透明度恢复到 100%，即完全显示的状态了，如图 1-41 所示。

图1-40

图 1-41

现在需要给猫咪图层添加图层蒙版。在默认状态下，直接添加的图层蒙版是纯白色的。可以看到在添加蒙版后的一瞬间，前景颜色和背景颜色会直接变成黑色和白色。PS 非常巧妙地"告诉"了我们，在蒙版的世界里，是用"黑"与"白"去控制的。那么要如何使用它呢？

很简单，我们需要与画笔工具配合着使用，画笔工具的颜色默认是前景颜色，也就是说前景是什么颜色，用画笔工具画出的就是什么颜色。当然，画笔工具的笔触是可以选择的。我们可以在工作区直接点开"画笔预设"面板，如图 1-42 所示，选择喜欢的笔触并在蒙版上进行绘制。

图 1-42

第1章 基础知识之快速入门 | 17

在画笔工具的属性栏中，可以通过调节不透明度和流量来提升或降低绘制图像的透明度和颜色浓度，随后就能在蒙版中用黑色进行擦除了。为什么是黑色呢？

因为在蒙版中，"黑色"代表让图像消失，如图 1-43 所示，而白色代表让图像显现。如果大家记不住，可以记住一个五字真言——"黑透白不透"（黑色让蒙版像素变透明，白色让蒙版像素恢复原始状态）。

图 1-43

提示

如果在擦除图像时无法实现"黑透白不透"这个效果，那么需要检查三个地方。第一，前景颜色是否为黑色；第二，是否选择的是图层蒙版，而不是图层；第三，在画笔上方属性栏中混合模式是否为"正常"模式。

既然我们是为了可以反复修改图像，而选择用蒙版对图像进行擦除处理。那么在已经擦掉某些内容的情况下，如何让图像恢复呢？答案就是把前景颜色切换成白色（快捷键 X 键），再对图像进行涂抹，被涂抹的地方就会恢复到没有擦除的样子了。大家在处理图像时，可以根据想要的效果，分别对不透明度、流量，以及前景颜色、背景颜色进行修改，最终就可以得到一张人物与动画元素合成的作品了。

1.5 正确的校色方法

对图像进行"校色"（通过对白平衡、曝光等参数进行调节，还原画面本身的颜色），是在设计时肯定会使用到的功能。可选择"图像→调整"菜单中的命令，如图 1-44 所示。

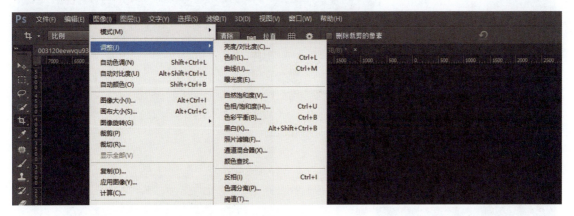

图 1-44

笔者非常喜欢大海，而且觉得海底的世界既危险又梦幻。但很多时候在海底拍出的照片的颜色不尽如人意，这个时候"校色"就派上用场了。我们以一张在水下拍摄的照片为例，学习如何正确地对图像进行校色。

首先，把素材图拖入 PS 软件中。可以看到，实际拍摄的海底世界虽然很干净，但是在图像中的颜色看上去却并不清澈，有些浑浊，如图 1-45 所示。

图 1-45

其次，复制图层，为了使图像中的海水显得更加清透，可以选择"图像→调整→曲线"菜单命令，如图 1-46 所示。

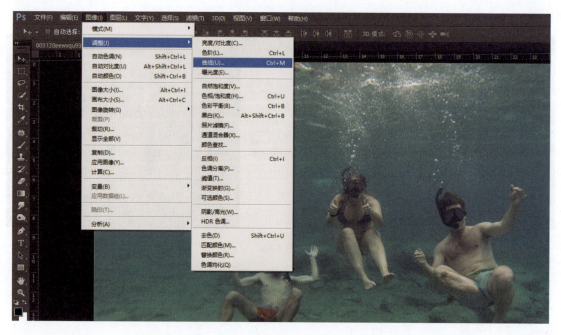

图1-46

在弹出的"曲线"对话框中,分别对 RGB 混合通道(见图1-47),以及红色通道(见图1-48)、绿色通道(见图1-49)、蓝色通道(见图1-50)的参数进行调整,提高亮部、压低暗部,让图像中灰蒙蒙的部分减少,增加图像的通透感。

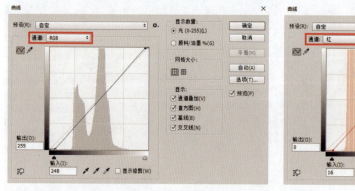

图1-47

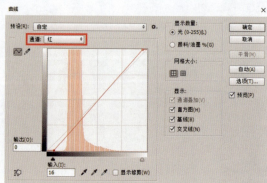

图1-48

20 | Adobe Photoshop 新手快速进阶实例教学

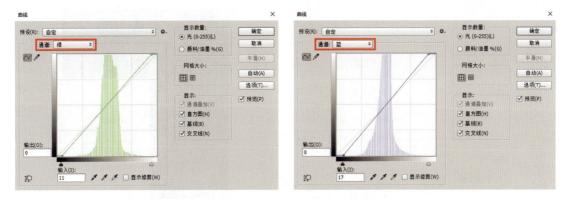

图1-49　　　　　　　　　　　　　　　　　图1-50

为了让海水显得更蓝,可以选择"图像→调整→色彩平衡"菜单命令,如图1-51所示。

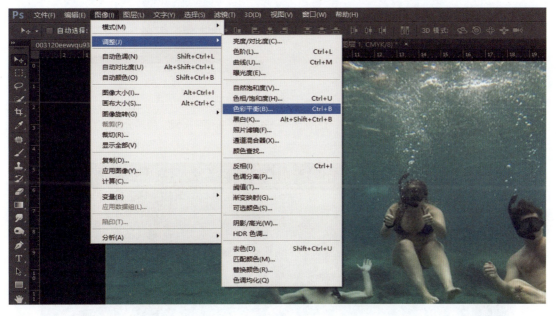

图1-51

在弹出的"色彩平衡"对话框中进行设置,如图1-52所示。

使用以上这个方法存在的问题是,在图层中看不到任何有关校色命令的信息,一旦觉得哪里调节得不合适想要修改,除了撤销所有操作重做以外,没有其他办法。

但很多时候,如果直接选择"图像→调整"菜单中的命令对图像进行调节,会破坏图像原始像素,这会对后期的修改带来很大的麻烦。所以,要想一个不破坏图像原始像素的方法。为了能够更加灵活地修改,可以使用"创建新的填充或调整图层"功能。单击"创建新的填充或调整图层"图标后,会弹出有很多校色命令的菜单,如图1-53所示,和在"图像→调整"菜单中看到的命令相差无几。

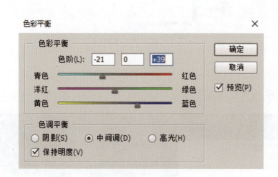

图1-52　　　　　　　　　　　　　　　图1-53

把刚才复制并调节过颜色的图层删除，重新复制该图层，然后使用和第一种方法相同的两个校色命令对图像进行调色。这时得到了和刚才一样的效果图，如图1-54所示，图像中灰蒙蒙的部分减少了，海水也显得更加透亮了。

图1-54

此时，图层面板里不仅有原图和复制出来的备份图像，还有两个新的图层，如图1-55所示。这就是创建的调整图层，图层的右侧显示了所用的校色命令。

图1-55

本例通过创建两个调整图层对图像应用校色命令,不会直接破坏图像原本的颜色信息。如果把两个调整图层隐藏(单击图层前面的眼睛图标),如图1-56所示,会发现图片依然是以前的样子,并没有被修改。

图1-56

当使用的校色命令以调整图层的形式作用于图像时,我们可以通过双击调整图层的缩览图来打开校色命令的属性面板,如图1-57所示。这时就可以任意地对图像进行修改了。

第1章 基础知识之快速入门 | 23

图1-57

通过对图层知识的学习，我们知道在最上层的图层会影响它下面的所有图层，那么使用了校色命令的图层自然是一样的。所以如果想只给指定的图层调色，那么我们还需要多加一个步骤。

首先，需要再拖一张素材图到当前画布中，这里笔者随便使用了一个校色命令对图像进行调节，改变画面中的颜色显示，如图1-58所示。为了明显一些，笔者选择了一个比较夸张的颜色。本例只想让新图层被最上层的调整图层影响，而下面的图层保持之前调整过的效果。

图1-58

右击最上层调整图层的名称，也就是"颜色查找1"（单击前面的缩览图是不会显示想要的菜单的），在弹出的快捷菜单中选择"创建剪贴蒙版"命令，如图 1-59 所示。然后会看到调整图层的缩览图前面多出了一个向下的小箭头，如图 1-60 所示。这说明最上层的调整图层只针对下面一个图层单独做颜色修改，而不会影响其他图层。当然，也可以通过使用快捷键 Ctrl+Alt+G 进行操作，前提是先选中要创建剪贴蒙版的图层。

图1-59

图1-60

1.6 征服钢笔工具

使用钢笔工具可以做很多事情，如抠像、绘图等，是一个使用率极高的工具。

下面通过一个简单案例来学习钢笔工具的使用方法。和之前一样，先将素材图拖入 PS 软件中，并且复制图层（做备份），然后在工具栏中选择钢笔工具。为了让大家看得更加清楚，笔者将钢笔工具属性栏中的钢笔模式选为"形状"，如图 1-61 所示。因为在形状模式下，可以选一种描边颜色与绘制的路径一同显示。大家在抠像时，可以使用路径模式。

图1-61

使用钢笔工具可以绘制两种线条，一种是直线，另一种是曲线，如图 1-62 所示。而在本例中我们要做的，就是让线条和要抠像的图像边缘尽量吻合。这看上去很简单，可很多曾经使用过钢笔工具的小伙伴为什么就是用不好呢？因为使用钢笔工具绘制的下一个路径会受前面所绘线条的影响，导致我们经常无法绘制出自己想要的曲线。错误的线条示例如图 1-63 所示。

图1-62

图 1-63

我们看到示例中的很多线条都有问题，只要连续绘制的两根线条在角度上产生了变化，都会出现问题，只是有的问题严重，有的问题轻微，这取决于角度改变的大小。所以只要解决这几个主要的错误线条的问题就可以了。

首先，我们要记住的第一个快捷键是 Ctrl 键。在使用钢笔工具时，按住 Ctrl 键，鼠标指针就会变成一个白箭头，即临时切换为直接选择工具。这时就可以任意单击想要调节的锚点了，被选中的锚点会变成实心，如图 1-64 所示。如果这个锚点两边的线条是曲线，那么当选中该锚点后，会出现两根调节杆（也称方向线），一根用于控制左边的曲线，另一根用于控制右边的线条。在当前的案例中需要调节右边的曲线，但是当按住 Ctrl 键调节右边的调节杆时，你会发现两边的曲线都受到了影响，如图 1-65 所示。

图1-64

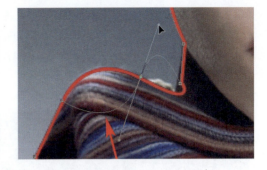

图 1-65

这时该怎么办呢？这里就要用到第二个快捷键——Alt 键了。如果想单独对一边的调节杆进行调节，就需要按住 Alt 键，这时钢笔工具会变成转换点工具。将鼠标指针移到右边调节杆的顶点，再拖动一下调节杆试试，是不是可以只调节一边的曲线弧度了呢？移动单边调节杆，如图 1-66 所示。把右边的曲线调好。这时候发现下一个锚点的位置有点不对，错误锚点的位置如图 1-67 所示。

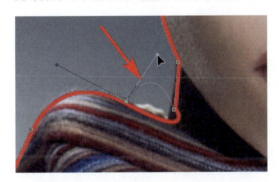

图1-66

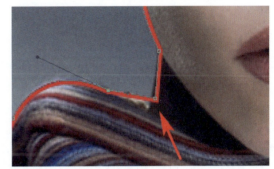

图1-67

我们需要把错误的锚点移到正确的位置上，方法很简单，依然是按住 Ctrl 键，保持激活直接选择工具的状态，然后选择要移动的锚点，直接拖曳就可以了，如图 1-68 所示。

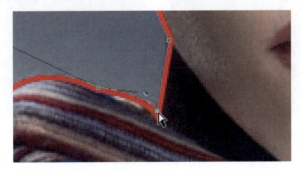

图1-68

现在用刚才讲到的几种方法把其他有问题的曲线调节好，然后继续绘制其他的路径。此时如果直接在下一个需要绘制路径的位置单击，会发现绘制的路径并没有连起来，而是单独生成了一个锚点，如图 1-69 所示。这是因为在这之前已经调节过多个锚点了，PS 也被我们"绕晕"了，于是就直接新建了一个起始位置。此时，要"告诉"钢笔工具我们从哪里出发。方法很简单，把钢笔工具移到上一锚点的位置，当鼠标光标右下角出现一个锚点链接的标志时，如图 1-70 所示，单击即可。

图1-69   图 1-70

提示

如果看不到路径锚点，可按住 Ctrl 键切换成直接选择工具，在画过路径的任意地方框选一下，激活钢笔路径。

现在，我们就可以继续绘制路径了。有时候由于判断失误，可能会出现锚点过多或过少的情况，如图 1-71 所示。这时需要对路径进行"减点"或"加点"操作。对路径进行"减点"的方法是把钢笔工具移动到需要删除的锚点上。这时，鼠标指针右下角会出现减号，如图 1-72 所示，单击锚点，多余的锚点就会被删掉。同样，对路径进行"加点"的方法是把钢笔工具放在路径上没有锚点的位置上，当鼠标指针右下角出现加号时，如图 1-73 所示，再单击，即可在当前路径线条上添加锚点。

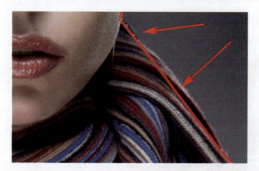 

图1-71   图1-72

可以根据实际情况，调节锚点的位置及曲线弧度等。最后需要闭合路径，这样才可以把人物"抠"出来。找到路径起始锚点，再次单击起始锚点即可。当钢笔工具的指针右下角变成一个小圆圈时，就说明这条路径可以"封口"了，如图1-74所示。

图1-73　　　　　　　　　　　　　　　图1-74

以上就是钢笔工具的基本使用方法。另外，再告诉大家一个小技巧，如果想把直线变为曲线，可以按住Alt键，临时切换成转换点工具，如图1-75所示，拖曳锚点就会出现曲线调节杆了。而曲线变直线就简单多了，直接按住Alt键并在锚点上单击即可。

勾画好人物轮廓以后，抠像还没有结束，因为背景依然存在。我们需要在画布中右击，在弹出的快捷菜单中选择"建立选区"命令，如图1-76所示。

图 1-75　　　　　　　　　　　　　　　图1-76

接下来使用之前讲过的图层蒙版功能，来控制图像的显示与隐藏，如图1-77所示。然后隐藏背景图层，就可以看到抠好的人物图像了。背景中灰白相间的格子表示当前区域为透明的，如图1-78所示。

图1-77

图 1-78

30 | Adobe Photoshop 新手快速进阶实例教学

1.7 巧用修复工具

本节以案例的形式讲解修复工具的使用方法。

首先，将素材图拖入PS软件中并复制图层，在工具栏中找到污点修复画笔工具，如图1-79所示。如果没找到，看看是否在隐藏的工具里。

图1-79

其次，放大显示画布（快捷键为Ctrl+加号），调节污点修复画笔工具的画笔直径，尽量和"污点"（本例为"痘痘"）的大小吻合，如图1-80所示。不要让画笔直径过大，这样可以防止皮肤细节过多地丢失。在脸部有痘痘的地方进行涂抹，会发现痘痘消失不见了，这是因为污点修复画笔工具会自动识别周围的像素以填补被涂抹的地方。这样，人像脸上的小瑕疵就被修复了。

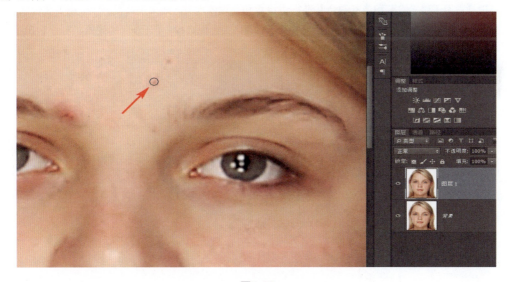

图1-80

用以上方法把人像面部较小的痘痘都修复好。然后，切换为隐藏菜单里的修复画笔工具，如图1-81所示。为什么不用一个工具完成所有的修复工作呢？因为污点修复画笔工具的计算方法是用污点周围的像素来填补

第1章 基础知识之快速入门 | 31

污点以达到修复效果，这种方法适合有小瑕疵的地方。而当遇到有"大瑕疵"的地方时，就要用不同的修复工具修复了。修复画笔工具的基础模式指针和画笔工具一样，就是一个圆圈，但是当单击图像时，会弹出一个警告提示，如图1-82所示。

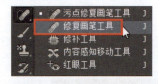 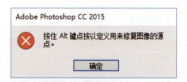

图1-81　　　　　　　　　　　　　图1-82

通过警告提示我们知道，使用修复画笔工具需要先按住Alt键并单击图像进行采样，然后用提取的像素去修复瑕疵。当按住Alt键时，可以看到鼠标指针变成了一个像瞄准星一样的标志，如图1-83所示。此时可以寻找一个接近要修复的地方的颜色并单击。提取好颜色后，就可以调整画笔直径了，然后修复剩下有痘痘的部分。在修复时，会看到在画笔的旁边出现了一个加号，如图1-84所示。这是告诉我们正在提取哪里的像素来填补画笔涂抹的地方。

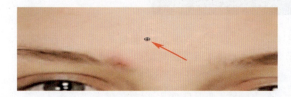 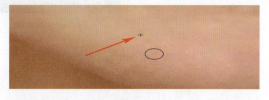

图1-83　　　　　　　　　　　　　图1-84

修复工具适用于修复需要和像素融合并进行边缘柔和处理的地方。如果是修复一个不需要和像素融合并进行边缘柔和处理的地方，那么不建议使用修复工具，因为会出现边缘"不干净"的现象，如图1-85所示。

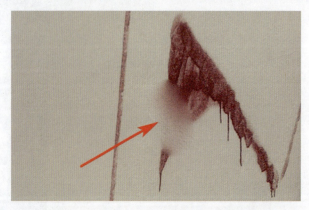

图1-85

第2章

基础案例之初级磨炼

2.1 让黑白照片变成彩色照片

本章笔者会带着大家从简单的案例做起,让大家在复习旧知识的同时学习新的内容。

- 知识点:快速选择工具、混合模式、蒙版

第1步:导入素材图并复制背景图层,生成图层1,如图2-1所示。

图2-1

第2步:因为原始图片的背景很干净,没有其他的复杂信息,所以选择快速选择工具,如图2-2所示。在默认模式下,快速选择工具的属性栏中是加选的状态。意思是随着鼠标的单击、移动,可以框选越来越多的区域,而想切换为减选的状态可以通过快捷键来操作。

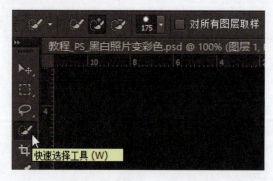

图2-2

第3步:在图层1上,用快速选择工具把背景框选出来,如图2-3所示。如果笔刷很大或很小,不方便框选,

那么可以通过调节来改变笔刷的尺寸。在框选过程中，如果不慎选中不应该框选的区域，可以通过按住 Alt 键，把"加选"变成"减选"的方式，如图 2-4 所示，然后将多余的区域去掉。

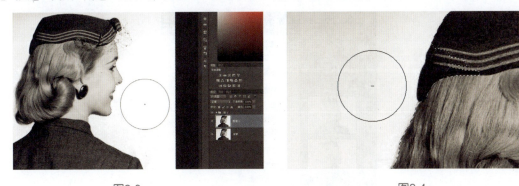

图2-3　　　　　　　　　　　　　　　图2-4

第 4 步：现在背景已经被全部选中了，为了让选区的边缘尽可能柔和一些，防止填充后的颜色出现生硬的边界，需要在快速选择工具的属性栏中单击"调整边缘"按钮，如图 2-5 所示。在弹出的"调整边缘"对话框中，根据图片的分辨率，适当调节半径和平滑的数值，如图 2-6 所示，这里笔者分别填写了 5 和 3。

图2-5

提示

调整边缘：在 Photoshop CC 2015 之后的版本中，此模块更新整合成为一个更加完整的模块，并改名为"选择并遮住"。

半径：扩大或减小颜色检测范围，通过这个区域的颜色对比来判断保留哪部分颜色。

平滑：弱化细节，去除毛刺或缝隙，使选区更加平滑。

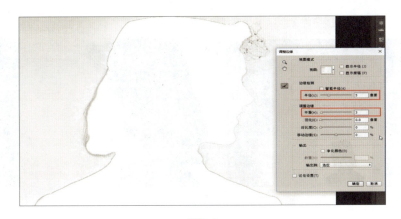

图2-6

第 5 步：在图层面板中单击"创建新的填充或调整图层"图标，在弹出的快捷菜单中选择"纯色"命令，给背景填充一个颜色，如图 2-7 所示。颜色可以先随便选一个，然后可以根据实际情况调整。

图2-7

第 6 步：可以看到颜色填充 1 图层的后面有一个缩略图，那就是图层蒙版。黑色的地方就是人物图像，没有被我们填充的颜色所影响，从而只有背景被涂上了颜色。因为我们使用的颜色是一个实色，为了让它和原图的背景更加融合，可以降低一点不透明度，如图 2-8 所示，让颜色变淡一些，然后取消选区（快捷键为 Ctrl+D）。

第 7 步：继续给人物上色。首先给头发上色。和给背景上色的方法一样，依然是用快速选择工具框选头发，然后调整选区的边缘。最后填充颜色，最终效果如图 2-9 所示。需要注意的是，要选择图层 1 进行操作，否则使用快速选择工具是无法识别到头发的范围并进行框选的。

图2-8

图2-9

不同的是，为了让颜色和原图头发纹理相融合，将颜色填充1图层的混合模式设置为叠加模式。也可以相应地降低颜色的不透明度，让它显得更自然。接下来用同样的方法，把帽子和衣服也填充上颜色。如果觉得用叠加模式混合出的颜色有些粗糙，也可以改成使用柔光模式，让混合出的颜色更柔和。

第8步：给皮肤上色时，由于眉毛、眼睛属于一些需要调整的细节，直接用快速选择工具并不方便，所以需要先把面部整个框选，然后单击工具栏里的"以快速蒙版模式编辑"图标，如图2-10所示。在快速蒙版模式下，红色的区域代表没有被选中的部分，如图2-11所示，而非红色的区域则是代表被选中的部分。

图2-10　　　　　　　　　　　　　　　　图2-11

进入快速蒙版模式后，就可以用画笔工具把不需要的部分画上红色，这样就可以把一些比较细微的区域排除了。在画之前，需要选择一个带有柔边的画笔，如图2-12所示，它可以让绘制的区域的边界比较柔和。但不透明度和流量的值要是100%，这样颜色才是实色。

图2-12

如果你创建了画笔预设工作区，也可以在工作区里找到调节画笔形态的地方，如图2-13所示。调好画笔后，就可以把不需要的地方涂上红色了。画笔大小可以用快捷键来调节，而颜色信息由前景颜色和背景颜色决定。和图层蒙版一样，用黑色、白色调节选择的区域的大小。

图2-13

第2章　基础案例之初级磨炼 | 37

提示

缩小画笔快捷键：[（左括号）	放大画笔快捷键：]（右括号）
放大画布快捷键：Ctrl+ 加号	缩小画布快捷键：Ctrl+ 减号
切换前景颜色快捷键：x	切换背景颜色快捷键：x

画好后再次单击刚才的"以快速蒙版模式编辑"（现在应为"以标准模式编辑"）图标，退出快速蒙版模式，这样就得到了只有皮肤的选区。按照之前的操作，给皮肤也涂上颜色。别忘了切换混合模式。都完成后，就可以取消选区了。

第 9 步：剩下的眉毛、眼睛之类的地方，需要进入快速蒙版模式去绘制。

但当退出快速蒙版模式时，选区选中的是除了眉毛以外的其他区域。所以在填充颜色之前，需要先把选区反选（快捷键为 Ctrl+Shift+I），让它只框选眉毛，而不是其他区域，如图 2-14 所示。

图2-14

然后选择图层 1，再填充纯色并修改图层的混合模式。用同样的方法，把剩下的部分进行上色。现在黑白照片变成彩色照片了，效果如图 2-15 所示。做完以后保存文件（快捷键为 Ctrl+Shift+S），存储格式通常选择 JPEG 格式。

图2-15

2.2 做一张完美的证件照

在做证件照之前，我们要选择一个干净的背景，并且穿一件不和白、蓝、红这三种颜色冲突的衣服。

- 知识点：调整边缘、蒙版、钢笔

第 1 步：导入素材图后复制背景图层，生成图层 1。选择图层 1，用快速选择工具把整个头部框选出来，然后打开"调整边缘"对话框，如图 2–16 所示。为什么我们只选择头部而不是整个人物呢？因为对于这个素材来说，头发适合用可以抠出细微毛发的方法，而身体适合用可以精准抠像的方法。在"调整边缘"对话框中，可以切换视图的显示模式，如图 2–17 所示。选择适合当前图像的背景。笔者常用黑底和白底，因为这样可以更好地观察明暗两种图像，很实用。

图2-16

图2-17

选好合适的背景后，可以用调整半径画笔工具，如图 2–18 所示，在头发边缘慢慢涂抹。这时被涂抹过的发丝边缘已经被自动抠好了，如图 2–19 所示。

图2-18

图2-19

如果涂抹了不想修改的地方，那么按住 Alt 键，让画笔变成减号。这样就可以还原为没涂抹之前的状态了。在抠完发丝后，如果觉得还是不理想，可以通过调整参数进行调节。

勾选"智能半径"复选框后，边缘检测会自动分析颜色范围，从而调整发丝边缘的抠像效果，如图 2-20 所示。

图 2-20

调整羽化参数，可以为边缘做模糊处理。和半径不同，半径是向选区内部渐隐的，而羽化是向边缘两侧软化的。相比来说，半径更不容易产生白边或黑边，如图 2-21 所示。

图 2-21

调整对比度参数，能增加边缘硬度，有锐化边缘的效果，数值不宜过大，不然会造成边缘失真，如图 2-22 所示。

图2-22

调整移动边缘参数,可以让选区扩大或收缩,如图 2-23 所示。扩大后,原本抠掉的背景颜色又补回来了一些,所以通常我们都是调整为向左偏移的,让颜色向里收缩来达到减少多余杂色的效果。

图2-23

勾选"净化颜色"复选框后,可将边缘半透明的颜色去除,和移动边缘的功能差不多,也可以达到去除边缘杂色的效果。但相比之下,利用净化颜色功能更精确,如图 2-24 所示。

这里只对半径及平滑程度进行微调,如果你想去除杂色,可以勾选"净化颜色"复选框,然后选择"输出到"下拉菜单,如图 2-25 所示。我们常用"选区""图层蒙版""新建图层""新建带有图层蒙版的图层"这几个选项,不过当勾选"净化颜色"复选框后,是无法选择"选区"和"图层蒙版"选项的。

图2-24　　　　　　　　　　　　　　　图2-25

这里可以选择"新建带有图层蒙版的图层"选项。隐藏背景拷贝2图层和背景图层，就得到了抠好的发丝部分，如图2-26所示。

图2-26

第2步：显示背景拷贝2图层，用钢笔工具对身体进行勾绘。勾绘好路径后，建立选区（快捷键为Ctrl+Enter），单击图层面板下方的"添加图层蒙版"图标。这样人物图像的抠像就完成了，如图2-27所示。

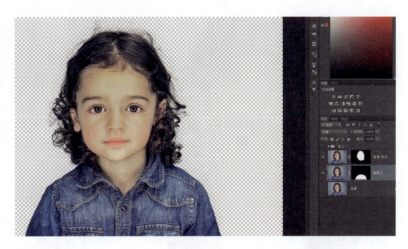

图2-27

第3步:如果感觉人物气色不够好,可以给人物添加一个靓丽的唇色。大家可以选择套索工具,然后在套索工具的属性栏中设置羽化参数,这是为了让选区边缘变柔和,使填充的颜色的边缘不会显得太生硬,如图2-28所示。

图2-28

现在我们沿着嘴唇画一个选区,当释放鼠标时,会发现选区自动变圆滑了,如图2-29所示,这就是羽化后的效果。然后单击"创建新的填充或调整图层"图标,在弹出的快捷菜单中选择"纯色"命令,接着在弹出的"拾色器(纯色)"对话框中选择合适的颜色,然后单击"确定"按钮。继续修改图层的混合模式,让颜色更自然,如图2-30所示,上好唇色后就可以取消选区了。

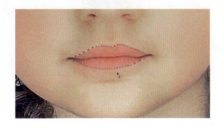

图2-29

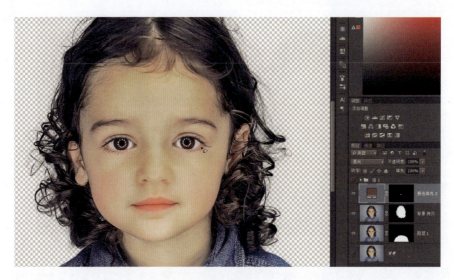

图2-30

第4步：为了方便拖动素材，需要先把现在的显示效果图层转成盖印图层（快捷键为 Ctrl+Shift+Alt+E），即将在画布中当前看到的效果合并在一起，并复制到一个新的图层中，如图 2-31 所示。

提示

盖印图层：将画布当前看到的效果合并在一起，并复制到一个新的图层中。如果你的版本是 Photoshop CS 系列，那么有可能无法进行此操作。

图2-31

第5步：新建一个与"一寸照"一样大小的画布。注意在设置画布时，各个参数的单位不要选错，分辨率（DPI）输入为 300~350 之间即可，如图 2-32 所示。因为最终制作的照片需要打印，所以这里需要把精细度提高。

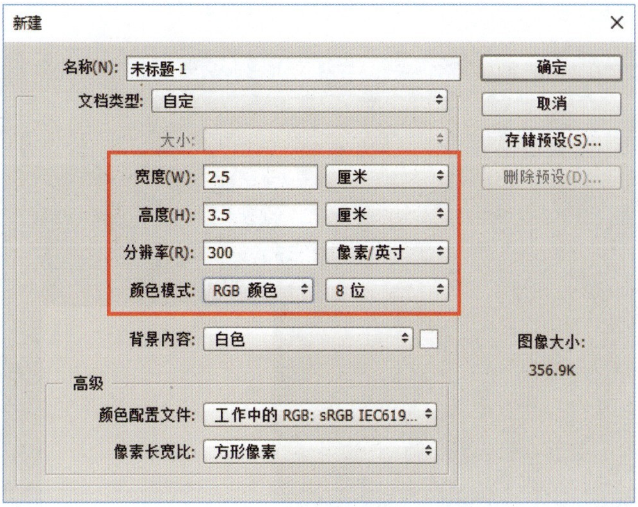

图2-32

第6步：建立好画布后，把合并出来的人物图像拖动到新的画布里。

这里介绍一个小技巧:选择盖印图层,用移动工具在画布中单击人物,按住鼠标左键并拖动到新建的未标题–1的画布标签上,并保持按住鼠标左键的状态,在标签上停留片刻,如图2-33所示。

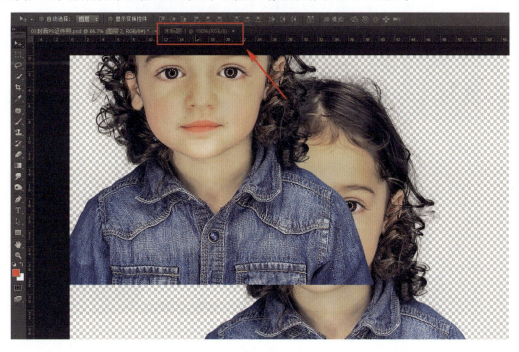

图2-33

第2章　基础案例之初级磨炼 | 45

当画面自动跳转到新画布的界面（见图2-34）时，继续保持按住鼠标左键的状态，把鼠标移动到新画布中，当出现新的鼠标标志（见图2-35）时，就可以释放鼠标了。

图2-34

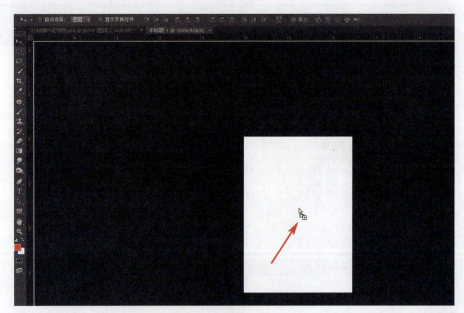

图2-35

第 7 步：因为画布尺寸、分辨率的不同，人物在新的画布中过大，如图 2-36 所示，所以需要用自由变换功能（快捷键为 Ctrl+T）来对它进行调整。如果因图片过大而看不到自由变换的全部区域，可以缩小画布，直到可以显示完整的自由变换区域。然后鼠标指针在四个角的任意一个顶角上停住，按住 Shift+Alt 组合键以中心点为轴同比缩小图像，如图 2-37 所示。

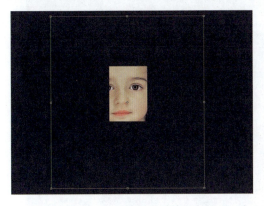

图2-36

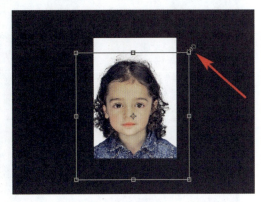

图2-37

将自由变换的区域调整到合适的大小后，移动到合适的位置，就可以双击或者按回车键退出自由变换状态了。
如果需要蓝色的背景（可以先找到标准颜色的参数），那么要建立一个图层，并使用"纯色"命令（将蓝色的标准参数正确输入），如图 2-38 所示。如果人物图像被挡住了，则说明图层的上下顺序不对，需要调整图层的位置，如图 2-39 所示。

提示

标准色值如下所示。

红底：RGB【R:255】【G:0】【B:0】；CMYK【C:0%】【M:99%】【Y:100%】【K:0%】

蓝底：RGB【R:0】【G:191】【B:243】；CMYK【C:67%】【M:2%】【Y:0%】【K:0%】

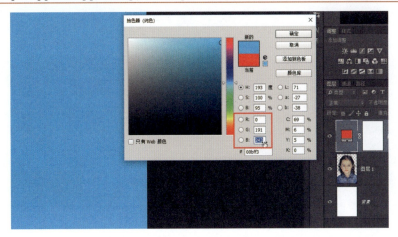

图2-38

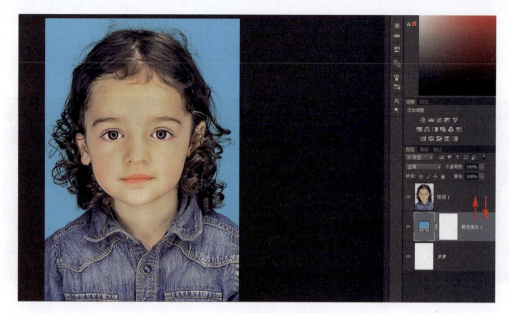

图2-39

至此一张完美的证件照就完成了。

第3章

提升知识之升级技能

3.1 使用通道抠像

3.1.1 抠取毛发

抠像时,最难抠取出来的可能就是毛发,而针对这类图像,使用通道进行处理是一个非常好的选择。当然,并不是说所有的图像都能轻易地被抠出来,所以前期的处理很重要,至少毛发颜色要与背景颜色有较大区别,否则会给后期的处理带来很大的麻烦。

第1步:复制图层,在图层面板中选择通道标签,跳转到通道模式中,如图3-1所示。我们会发现,在通道模式中,除了RGB颜色模式以外,还有三个通道图层,分别为红、绿、蓝。可以对不同的颜色通道进行单独修改。

注意:不可以直接在默认的颜色通道中修改。如果直接在默认的颜色通道中修改,当返回RGB颜色模式时,会发现图像的颜色已经被破坏了,如图3-2所示。

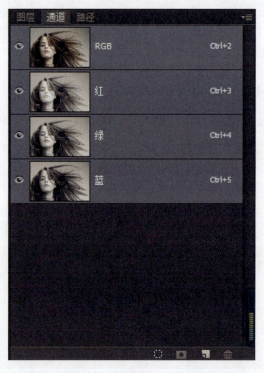

图3-1

图3-2

第 2 步：单击不同的颜色通道，找到一个人物颜色与背景颜色反差最大的，并且对它进行复制，拖动此通道图层到下方的"创建新通道"标签上进行复制，如图 3-3 所示。或在要复制的通道图层上右击，在弹出的快捷菜单中选择"复制通道"命令，如图 3-4 所示。

图3-3

图3-4

第3章 提升知识之升级技能 | 51

第 3 步：选择"图像→调整→色阶"命令，如图 3-5 所示，或按快捷键 Ctrl+L 调出"色阶"对话框。通过对色阶明暗及中间调的调节，如图 3-6 所示，尽量增强人物发丝颜色与背景颜色的对比度。

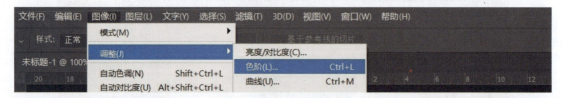

图3-5

图3-6

第 4 步：选择画笔工具，在属性栏中将画笔的混合模式改为叠加模式，如图 3-7 所示。选择带柔边的画笔类型，降低画笔流量。调节好画笔后，把前景颜色改为白色，对背景进行上色，使背景颜色更偏向于白色，如图 3-8 所示。然后将前景颜色改为黑色，对人物进行上色，使人物颜色更偏向于黑色，如图 3-9 所示。

图3-7

图3-8

图3-9

在人物面部过亮的地方,直接用套索工具进行框选,并填充黑色,如图3-10所示。

图3-10

第5步:把画面中人物与背景的颜色进行反相(快捷键为Ctrl+I)操作,选择"图像→调整→反相"命令,如图3-11所示。

注意：在通道中制作的黑白图像，其实就相当于在图层中添加蒙版，原理同样是"黑透白不透"，所以保留的部分一定为白色，抠除的部分一定为黑色，而当颜色相反时，我们需要进行反相操作。

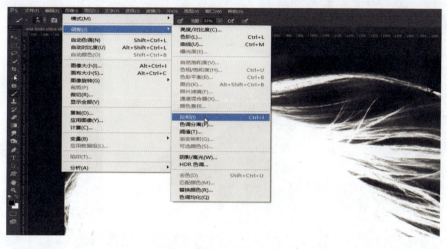

图3-11

这时会发现背景中依然有很多未处理好的地方，如图3-12所示。重复之前的上色操作，用黑色和白色分别对背景及人物再次进行处理，使背景中多余的白色消失，人物中的白色更多。

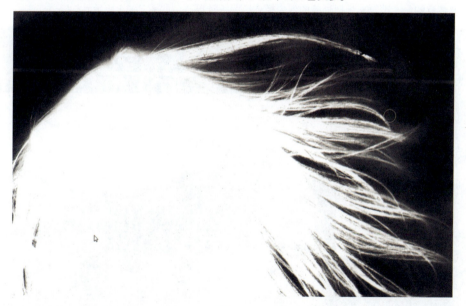

图3-12

第6步：当画好黑、白通道图层后，就可以按住 Ctrl 键并单击此通道图层，提取出人物的选区。

第7步：选择通道中的 RGB 颜色模式，将图像还原回原图的颜色显示，切换回图层面板中。此时，我们的原图人物也是被选区框选中的状态，单击图层下方的"添加图层蒙版"图标并隐藏背景图层，就能看到人物已经被单独抠取出来了，如图 3-13 所示。

图3-13

觉得发丝中不太好的地方，可以通过蒙版中的黑、白颜色画笔对其进行修改，使看着不舒服的地方显得自然一些。需要注意的是，不要忘记把画笔的混合模式改为正常模式，如图 3-14 所示。

图3-14

第 8 步：如果觉得发丝不够明显，可以复制发丝所在的图层，然后按住 Ctrl 键把两层选中，单击图层面板下方的"创建新组"图标,如图 3-15 所示,将两图层 1 拷贝和图层 1 放到同一组中,并更改组名。

第 9 步:在图层面板下方单击"创建新的填充或调整图层"图标,在弹出的快捷菜单中选择"渐变"命令。在弹出的"渐变编辑器"对话框中选择喜欢的渐变色,如图 3-16 所示,为人物图像添加一个渐变的背景图层。

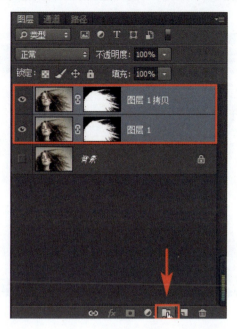

图3-15

图3-16

第10步:将背景图层移动到头发组的下层,让人物图像在背景图层的上层显示。随后在人物图像下层导入喜欢的素材图,如图3-17所示。调整其大小并移动到合适的位置,双击或按回车键退出自由变换状态。

对素材图使用一个"色彩平衡"命令,如图3-18所示。单击只针对下层做调色的标签,然后对素材进行颜色偏移,让其尽量靠近背景色。

图3-17

图3-18

为了让素材和背景融合得更自然,我们给素材所在的图层添加一个蒙版,用黑色的柔边画笔工具,对素材图生硬的边缘进行擦除,如图3-19所示。

图3-19

第11步:在最上层新建一个空白图层,单击前景颜色,在"拾色器(前景色)"对话框中选择藏蓝色,如图3-20所示,为空白图层进行填充(快捷键为 Alt+Delete)。将图层混合模式改为排除模式,如图3-21所示,让图像整体颜色统一,并且呈现出复古的感觉。当然也可以根据自己的喜好,选择其他颜色或混合模式。

图3-20

图3-21

3.1.2 抠取半透明的物体

使用通道抠像除了可以较好地抠取毛发,还能抠出半透明的物体,如玻璃、冰块等,不要觉得对半透明的物体抠像处理起来一定麻烦,其实它比抠取毛发的操作要简单。

第 1 步:复制图层,选择钢笔工具,在属性栏中将模式设置为路径。设置完成后,对图像中不需要做半透明处理的地方用钢笔进行绘制,如图 3-22 所示。

第 2 步:右击,在弹出的菜单中选择"建立选区"命令或按快捷键 Ctrl+ 回车键让钢笔路径变成选区,在复制的图层上单击图层面板下方的"添加蒙版"图标,生成蒙版图层,如图 3-23 所示。

图3-22

图3-23

背景抠除以后，检查人物是否有未抠除干净的地方。拿这张图为例，人物胳膊和身体因为被遮挡，造成胳膊与身体中间出现了未能一次性绘制的现象，如图3-24所示，所以我们需要对这里进行单独绘制。先建立选区，然后选择此图层蒙版，填充黑色，如图3-25所示，让这里的像素消失。

图3-24

图3-25

第3步：现在我们要开始处理半透明的婚纱了。这里隐藏图层1，再复制一个原图出来，然后和对毛发的抠像处理一样，切换到通道中，找到背景颜色与婚纱颜色反差最大的通道图层进行复制，如图3-26所示。使用快捷键Ctrl+L调出"色阶"对话框，如图3-27所示，对蓝色拷贝通道层进行颜色对比度的调节。

第3章 提升知识之升级技能 | 61

图3-26

图3-27

第4步：选择画笔工具，在属性中选择柔边画笔，将混合模式改为叠加模式，降低笔刷流量，选择黑色并对背景进行上色，如图3-28所示。

图3-28

这一步很关键，用黑色画笔在需要进行半透明处理的婚纱上做轻微擦除，如图 3-29 所示。用白色画笔在不需要太过透明的地方进行轻微的上色。大家可以根据婚纱的薄厚进行调节，越偏向黑色则越透明，越偏向白色则越不透明。

图3-29

第 5 步：处理好黑、白通道的图后，按住 Ctrl 键并单击黑、白通道图层，调出图层选区，如图 3-30 所示。

图3-30

选择 RGB 颜色模式，返回图层面板，然后给新复制的图层添加蒙版，如图 3-31 所示，这时我们得到了一个半透明的人物。此时再显示图层1，如图 3-32 所示，至此就完成了半透明婚纱的人物抠像。

图3-31

图3-32

第6步：导入素材图，将图层放于人物图层的下层显示，用裁剪工具对画布进行重新构图，如图3-33所示。

图3-33

第7步：将两个人物抠像的图层放在同一组中，然后对该组中的图层使用"添加色彩平衡"命令，但是单击只针对下层做调整的按钮，对人物进行颜色偏移。

第3章 提升知识之升级技能 | 65

图3-34

大家可以根据画面实际的显示效果，决定用哪些调色命令对颜色进行调整，比如觉得人物有些偏灰，我们可以使用"色阶"命令，对明暗对比度及中间调进行微调，如图3-35所示。调整只能针对人物组，否则会影响所有图层的颜色。

图3-35

第8步：为了画面颜色的统一，可以使用"渐变映射"命令（渐变映射指将暗部颜色归为左端点的渐变色，亮部颜色归为右端点的渐变色，中间过渡色则为中间调），如图3-36所示。

图 3-36

如果想让渐变色更柔和，那么可以勾选"仿色"复选框。仿色指使颜色不再是生硬的色块，而是用较小的带宽创建较平滑、自然的过渡，可以防止在打印时出现条带化现象，如图3-37所示。

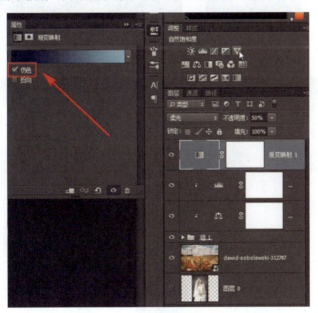

图3-37

把渐变映射1图层的混合模式改为柔光模式，如图3-38所示。如果觉得效果太过"强烈"，那么可适当地降低图层的不透明度。也可以双击"渐变映射"字样调出"图层样式"对话框,对参数进行调整。喜欢低饱和效果的,可以使用"自然饱和度"命令,如图3-39所示,对画面中饱和度过高的颜色进行降低饱和度的操作。

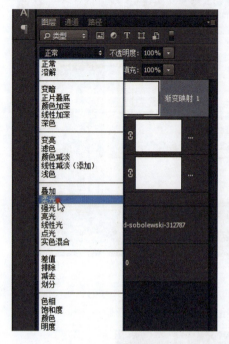

图3-38

图3-39

至此就完成了对半透明的物体的抠像了,效果对比如图3-40所示。

图3-40

3.2 液化功能

3.2.1 雨后风景——玻璃窗上的手写字

在PS中液化功能是一个虽然简单却非常强大的功能,它除了可以修饰图像以外,还可以利用它制作很多有趣的创意作品。首先,我们用它来学习一个非常有意境的案例,最终效果如图3-41所示。

图3-41

第1步:需要准备两张素材图,一张为玻璃上带有水滴的图片和一张风景图,如图3-42和图3-43所示。

图3-42

图3-43

将两张素材图导入到同一画布中,风景图放于上层,调整好位置。然后右击,在弹出的快捷菜单中选择"转换为智能对象"命令,如图3-44所示。

图3-44

第2步：选择"滤镜→模糊→高斯模糊"命令，打开"高斯模糊"对话框，如图3-45所示。调整参数，让风景图变得模糊。为了让图片看上去像是从玻璃窗看向外面风景的效果，将风景图层的混合模式改为叠加模式，如图3-46所示。

图3-45

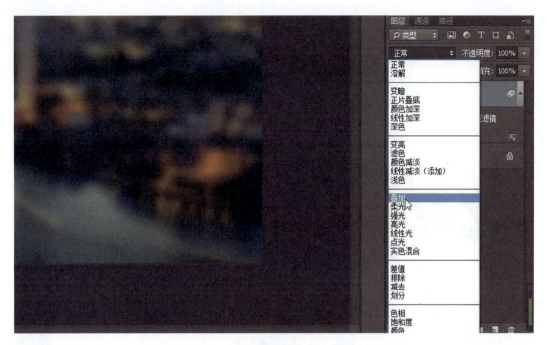

图3-46

第 3 步:选择文字工具,在画布中输入想要的文字,如图 3-47 所示。线条要尽量粗一些,这样最后出来的效果才会更好看。文字调整好位置和角度后,双击或按回车键退出自由变换状态。

图3-47

但在以文字图层形式存在的情况下，我们无法对它进行变形处理，所以需要对它进行栅格化处理。在文字图层右击，在弹出的快捷菜单中选择"栅格化文字"命令，如图3-48所示。让文字图层变成普通图层。选中文字图层，按下Ctrl+T组合键调出自由变化区域后，右击，在弹出的快捷菜单中选择"变形"命令，如图3-49所示。

图3-48

图3-49

对文字进行拖曳，如图 3-50 所示。让它变成我们想要的样子，然后按回车键，退出"变形"状态。

图3-50

第 4 步：把文字图层转换为智能对象，选择"滤镜→液化"菜单命令，如图 3-51 所示。打开"液化"对话框，选择向前变形工具。在该工具右侧的属性面板中，勾选"高级模式"复选框，显示更多可调节的参数信息。如果觉得变形的力度不够，则可以提高压力和浓度的数值，然后给文字增加"水往下流"的效果，如图 3-52 所示。

图3-51

第3章 提升知识之升级技能 | 73

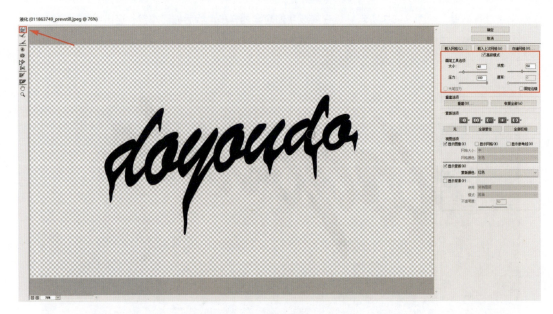

图3-52

第5步：实现液化效果后，将文字图层的混合模式改为叠加模式，如图3-53所示。这样它就有种"写"在玻璃上的效果了。

图3-53

第6步：复制文字图层，将复制的文字图层移动到风景图与水滴玻璃素材图之间的位置，然后单击图层下方的"添加图层蒙版"图标，如图3-54所示。在工具栏中选择渐变工具，选择由白到黑的渐变色，如图3-55所示。

图3-54

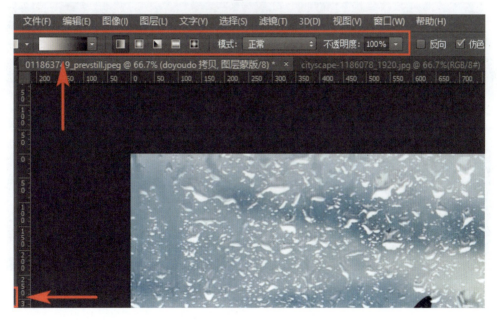

图3-55

第3章 提升知识之升级技能 | 75

选中复制的文字图层蒙版,按住 Shift 键,向垂直方向拉一条由白到黑的渐变色,如图 3-56 所示。

图3-56

第 7 步:复制背景水滴玻璃图层,在工具栏选择修复工具,对文字中过多的水滴进行修复,如图 3-57 所示。使文字中的水滴不要过多,因为我们用手在有雾气的玻璃上写字、画图时,笔迹上是没有太多水滴的。

图3-57

至此使用液化效果的案例就完成了。这里制作的是文字类的图像,大家也可以尝试制作图案类的图像。

3.2.2 大头小身的娃娃

我们可以做一些既有趣又夸张的图像,最终效果如图3-58所示。

图3-58

第1步:导入素材图并复制背景图层,选择快速选择工具,对背景进行框选,如图3-59所示。因为和人物相比,背景的颜色更简单,更易进行选取。

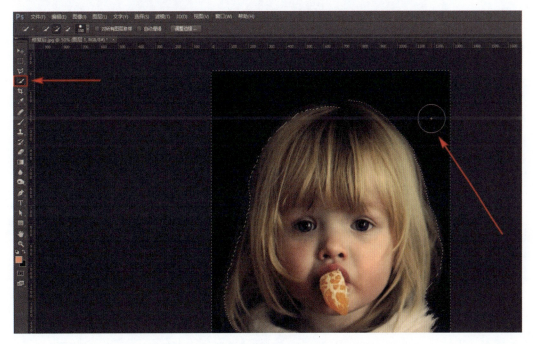

图3-59

第2步:对选区进行反选操作,在快速选择工具的属性栏中单击"调整边缘"按钮,如图3-60所示。打开"调整边缘"对话框,选择与头发颜色相差较大的视图模式进行观察,勾选"智能半径"复选框,适当调节半径和边缘参数后,用调整边缘画笔对头发边缘进行绘制,尽量减少头发中掺杂的背景色。

第3章 提升知识之升级技能 | 77

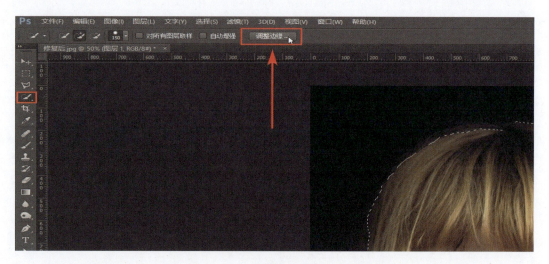

图3-60

如果感觉背景色还有残留,那么可以在"输出"选项下勾选"净化颜色"复选框,并调节数量参数。调整好后,就可以在"输出到"下拉列表中选择"新建带有图层蒙版的图层"选项,如图3-61所示。

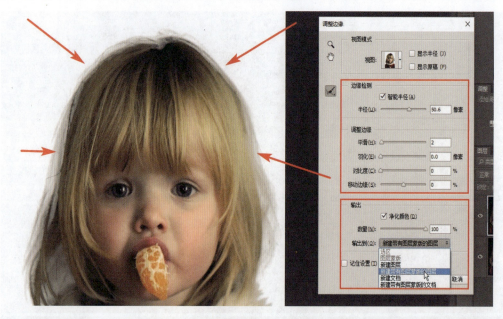

图3-61

第3步:在抠好的人物图层上右击,在弹出的快捷菜单中选择"转换为智能对象"命令,如图3-62所示。

第4步:复制抠好的人物图层,在复制的人物图层上右击,在弹出的快捷菜单中选择"栅格化图层"命令,如图3-63所示。

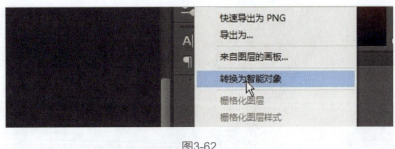

图3-62

图3-63

第5步:选择钢笔工具,在属性栏中的"选择工具模式"下拉列表中选择"路径"选项,对人物的头部进行勾绘,如图3-64所示。按Ctrl+回车键组合键,从路径建立选区,如图3-65所示,因为现在选区选中的是头部以外的区域,所以我们需要对选区进行反选操作。

图3-64

图3-65

第 6 步：选择选框工具或快速选择工具，再次单击"调整边缘"按钮，在弹出的"调整边缘"对话框中调整好参数，对发丝边缘进行涂抹，如图 3-66 所示。调整好发丝边缘后，在"输出到"下拉列表中选择"选区"选项，然后单击"确定"按钮。再次将选区反选，然后按 Delete 键把人物身体删除，隐藏图层 1 和背景图层。可以看到只保留了最上层人物图像的头部，如图 3-67 所示。

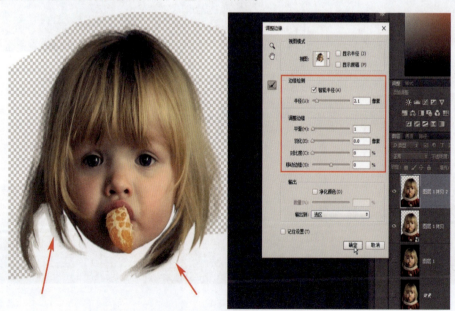

图3-66

80 | Adobe Photoshop 新手快速进阶实例教学

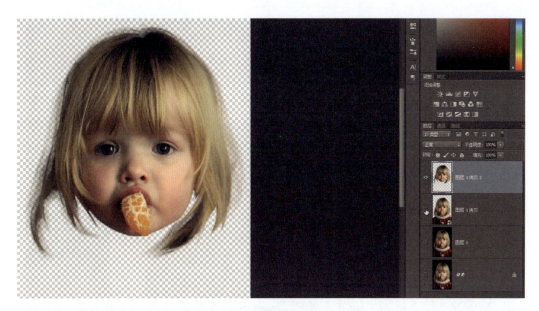

图3-67

第7步：选择下层人物图层，调出自由变换的区域，对人物进行以中心点为轴、同比缩放（快捷键为Alt+Shift）处理，如图3-68所示。选中两个人物图层，将它移动到合适的位置，选择裁剪工具，如图3-69所示，对画布进行重新构图。

图3-68

第3章 提升知识之升级技能 | 81

图3-69

第8步：由于图像中的人物的胳膊被"砍掉"了，这里可以使用"液化"命令对其进行修饰，让它看上去不那么生硬。选择下层人物图层，选择"滤镜→液化"菜单命令，同样用向前变形工具对人物身体进行涂抹处理，如图3-70所示，然后单击"确定"按钮。

图3-70

第 9 步：选择上层人物头部的图层，打开"液化"对话框，使用向前变形工具将人物的头部边缘进行变形处理，如图 3-71 所示，让脑袋变得圆圆的，看上去更可爱。切换到膨胀工具。根据需求选择对人物的眼睛、鼻子、嘴唇、脸蛋等部位进行膨胀处理，如图 3-72 所示。让人物整体看上去更加可爱，处理好后单击"确定"按钮。

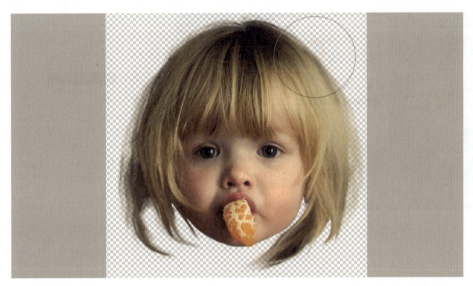

图3-71

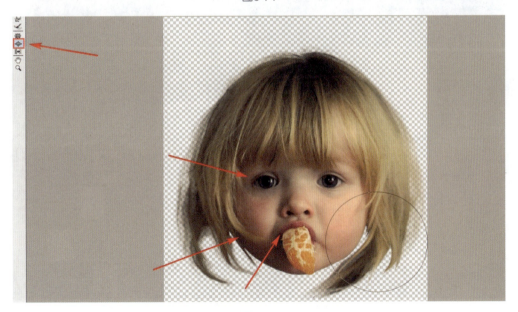

图3-72

第10步：单击图层面板下方的"创建新的填充或调整图层"图标，在弹出的快捷菜单中选择"渐变填充"命令，选择一个由黑到深灰的渐变色，如图3-73所示。打开"渐变填充"对话框，在"样式"下拉列表中选择"径向"选项，然后勾选"反向"复选框，把渐变色的位置改成内部比外部亮，调节缩放参数，让过渡色更自然，参数设置如图3-74所示，单击画布中的渐变色，移动到合适的位置后单击"确定"按钮。

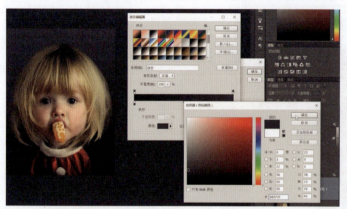

图3-73　　　　　　　　　　　　　　　　　　　　图3-74

第11步：对人物进行调色，使用"曲线"命令，如图3-75所示。针对下层身体图层，选择红色通道，提高暗部信息，在亮部定一个调节点保持不变。

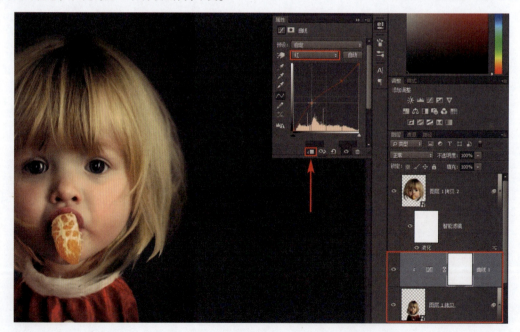

图3-75

第 12 步：选中几个人物图层并对其使用调色命令，如图 3-76 所示，将这几个图层放在同一个组中。在最上层添加可选颜色，分别对红色、黄色、洋红进行颜色偏移，使颜色整体偏于暖色，如图 3-77、图 3-78、图 3-79 所示。

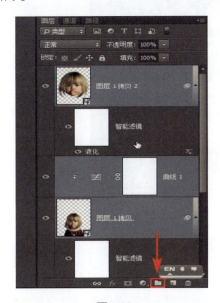

图3-76

图3-77

图3-78

图3-79

单击可选颜色下方的人物组,只针对人物组进行调节,或把鼠标放到调色命令与人物组之间,看见向下的指示箭头后单击鼠标,如图3-80所示。

图3-80

为了提高画面对比度,减少图像中的灰色信息,再使用"曲线"命令,针对下层进行调整,然后分别对红、绿、蓝,以及RGB混合通道进行提升亮部、降低暗部的调整,如图3-81、图3-82、图3-83、图3-84所示。

图3-81

图3-82

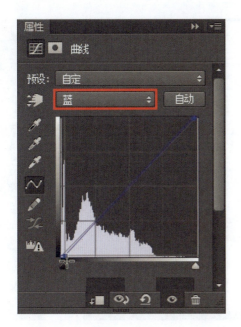
图3-83

图3-84

第13步：隐藏背景图层，让画布中只显示做好的人物图像，然后把当前显示效果盖印到新的图层中，如图3-85所示。将盖印出来的新图层转换为智能对象，选择"滤镜→锐化→USM锐化"菜单命令，打开"USM锐化"对话框，调节参数使人物变得更加清晰，如图3-86所示。

图3-85

第3章 提升知识之升级技能 | 87

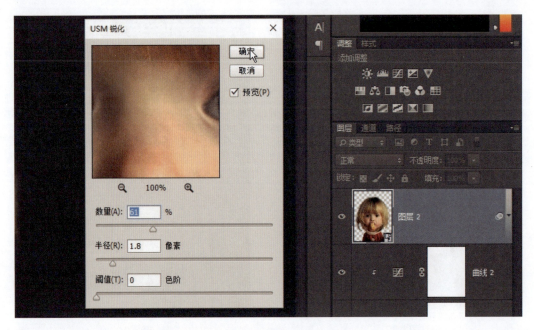

图3-86

第14步：如果觉得人物饱和度太高，那么可以使用"自然饱和度"命令，只针对下层做调整，然后适当降低自然饱和度和饱和度，如图3-87所示。使用"色阶"命令，调节画面颜色对比度，如图3-88所示，让人物凸显出来。

图3-87

图3-88

第15步：新建空白图层，选择柔边画笔工具，降低笔刷流量，在脸蛋、鼻子上画肉粉色，如图3-89所示。选择橡皮擦工具，擦除面部多余的肉粉色，如图3-90所示。至此大头小身的娃娃图像就完成了。

图3-89

第3章　提升知识之升级技能 | 89

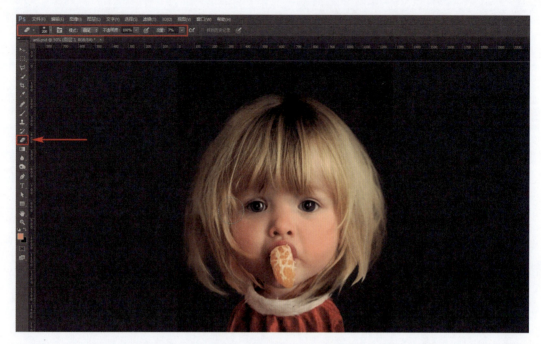

图3-90

3.3 画笔

3.3.1 用线汇聚成图像

一说到画笔，大家最先想到的就是绘图。其实除了直接使用PS自带的默认画笔，我们还可以自定义一个想要的画笔形态，用自定义的画笔制作的图像，如图3-91所示。

第1步：导入素材图并复制背景图层，选择快速选择工具对人物进行框选，如图3-92所示。然后在属性栏中单击"调整边缘"按钮。打开"调整边缘"对话框，勾选"智能半径"复选框，对半径及边缘参数进行调整，然后用调整边缘画笔擦除一定的人物发丝，如图3-93所示，使发丝边缘变柔和。在"输出到"下拉列表中选择"选区"选项，然后单击"确定"按钮。

图3-91

图3-92

第3章 提升知识之升级技能 | 91

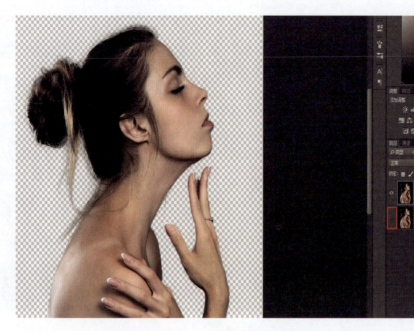

图3-93

第2步：做好选区后，给图层添加蒙版，如图3-94所示，清除背景色，隐藏背景图层，就可以看到抠好的人物效果了。

图3-94

第3步：单击蒙版前面的人物图层，选择"图像→调整→去色"（快捷键为Ctrl+Shift+U）菜单命令，把人物变成只有黑色和白色。使用"曲线"命令，提高亮部颜色，降低暗部颜色，调整人物颜色对比度。

第 4 步:选中几个人物图层及使用了"曲线"命令的图层,并将它们放在同一组中,把当前显示效果盖印到新的图层中。

第 5 步:单击图层面板下方的"创建新的填充或调整图层"图标,在弹出的快捷菜单中选择"渐变填充"命令,选择由黑色到深灰色的渐变色,渐变方式改为径向。勾选"反向"复选框,让渐变色变成外部暗、内部亮。在画布中把渐变中心移动到合适的位置,如图 3-95 所示。单击"确定"按钮后,将使用"渐变填充"命令的图层移动到人物图层的下层。

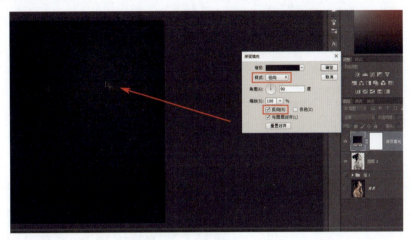

图3-95

第 6 步:给人物图层添加蒙版,因为这里需要把人物先隐藏起来为下面的步骤做准备,所以我们将蒙版的颜色进行反相操作,让它全部变为黑色,如图 3-96 所示,然后复制图层。

第 7 步:新建一个正方形的画布,这里笔者创建了一个 700 像素 ×700 像素,分辨率为 72 像素/英寸的画布,如图 3-97 所示。

图3-96

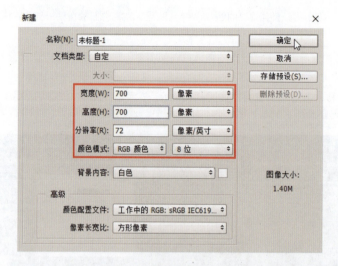

图3-97

第8步：选择自定形状工具，如图3-98所示。在属性栏中单击形状图案右侧的小箭头，在下拉图案列表里找到模糊点1图形，如图3-99所示。

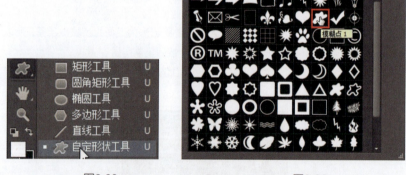

图3-98　　　　　　　　　图3-99

在画布中按住 Shift 键画一个原比例的图形。在属性栏中将填充色改为无颜色，描边为黑色，如图 3-100 所示，描边宽度根据需求而定。

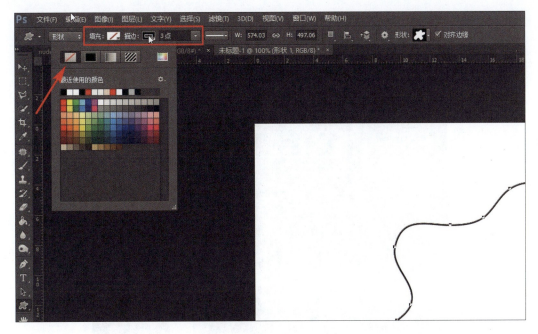

图3-100

第 9 步：选择"编辑→定义画笔预设"命令，给画笔取个名字，如图 3-101 所示，然后单击"确定"按钮。

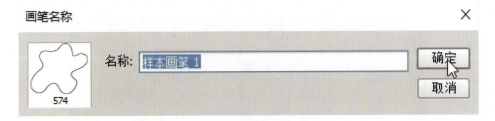

图3-101

第 10 步：返回第一个画布中，单击下层人物图层的蒙版，选择画笔工具。这时如果用白色在蒙版中涂抹，会发现画笔的样子非常规整，效果不是很好，所以要先对画笔进行修改。选择画笔笔尖形状，把间距拉开，如图 3-102 所示，在画笔面板的下方可以实时预览到画笔的当前效果。

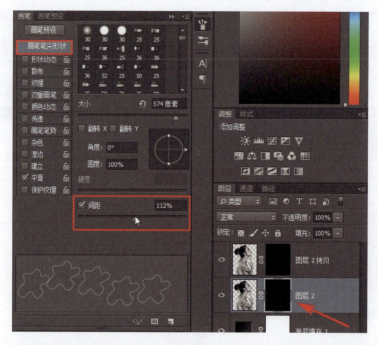

图3-102

勾选"形状动态"复选框,调节大小抖动、角度抖动、圆度抖动等参数,如图3-103所示。

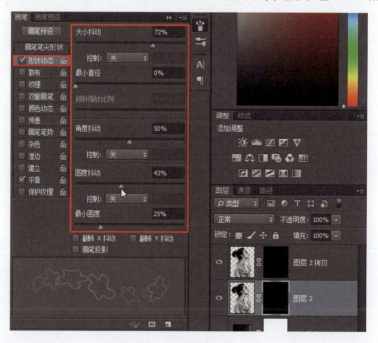

图3-103

勾选"散布"复选框，调节散布、数量及数量抖动参数，如图3-104所示，使画笔分散，不在同一水平线上出现，并且每次出现的数量也不同。

大小抖动：画笔大小随机。

角度抖动：画笔角度随机。

圆度抖动：画笔圆扁形状随机程度。

散布：修改笔尖分布，让它们散布到画笔路径周围。

数量：笔刷图案数量。

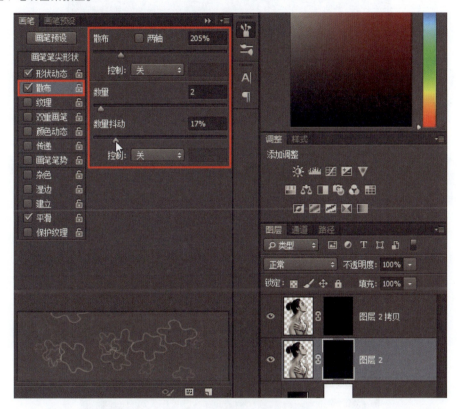

图3-104

勾选"传递"复选框，调节不透明度抖动及流量抖动参数，如图3-105所示，让画笔可见度随机。

不透明度抖动：调整画笔透明度。

流量抖动：调整画笔颜色浓度。

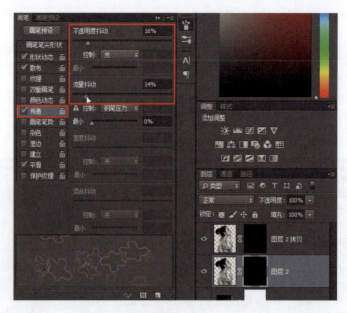

图3-105

第11步：调节好画笔后，就可以用白色在蒙版中进行涂抹，让被涂抹过的人物像素显现出来，大家可以根据需求决定哪里的笔刷密集，哪里的稀疏。最好不要整体平均化，有疏有密效果更佳。

第12步：单击上层人物图层的蒙版，选择默认的"硬边圆"画笔，如图3-106所示。调节合适的画笔大小，用白色在蒙版中给人物局部画几笔实线，如图3-107所示，就像绷带似的。

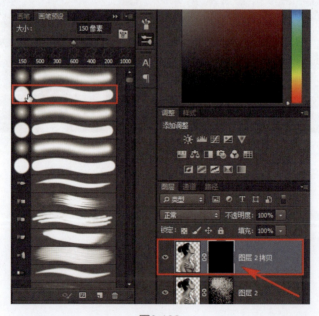

图3-106

图3-107

把前景颜色改为黑色，缩小画笔，对不太自然的地方进行擦除，如脖子、手腕下方等部位。如果觉得下方凌乱的线条不够多，也可以在画布中右击，在弹出的面板中选择之前调好的画笔，选择对应的图层蒙版，再进行绘制。至此一张用线汇聚成的图像就完成了。

3.3.2 制作以文字堆积的肖像海报

这次我们利用画笔制作一张以文字堆积的肖像海报，最终效果如图3-108所示。

图3-108

第 1 步：导入素材，尽量找背景与人物区分比较明显的素材图（如果实在没有，可先对人物进行抠像），然后复制背景图层，隐藏背景图层，对最上层使用"阈值校色"命令，如图 3-109 所示，根据画面显示的效果调节参数。

第 2 步：将当前显示效果盖印到新的图层中，选择裁剪工具，在画布上重新构图，如图 3-110 所示。

图3-109　　　　　　　　　　　　　　图3-110

第 3 步：在菜单栏中选择"选择→色彩范围"菜单命令，打开"色彩范围"对话框，在"选择"下拉列表中选择"阴影"选项，使画面中人物的颜色黑白颠倒，如图 3-111 所示（白色为我们想要保留的部分，黑色为不需要的部分），并单击"确定"按钮。这时就得到了一个把暗部区域框选的选区。

图3-111

在此状态下复制图层，得到一个只有黑色区域像素的透明背景图层。

第 4 步：新建一个空白图层，填充为白色，放于人物图层的下层，再新建一层空白图层，放于人物图层的上层。按住 Ctrl 键，单击抠好的人物图层，重新获取人物选区。如图 3-112 所示。选择顶部空白图层，单击图层面板下方的"添加图层蒙版"图标，给空白图层创建一个人物蒙版。选择下层的人物图层，降低不透明度，如图 3-113

所示，给接下来的操作留一个淡淡的影像作为参考。

图3-112

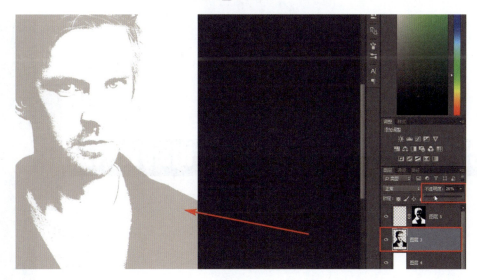

图3-113

第5步：新建画布，输入想要的尺寸。这里笔者建立了一个1280像素×720像素，分辨率为72像素/英寸的画布，如图3-114所示。

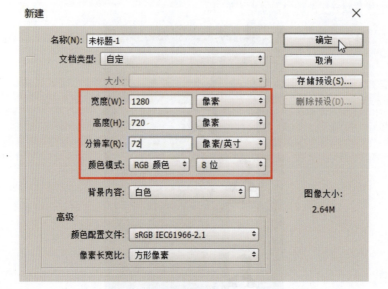

图3-114

第6步：选择文字工具，在画布中输入文字，在字符面板调整字体、大小、字间距等参数，如图3-115所示。如果输入的文字边缘有锯齿，那么可以在字符面板右下角单击下拉菜单，然后选择"平滑"选项即可。在导航栏中选择"编辑→定义画笔预设"命令，如图3-116所示，然后给画笔取个名字，单击"确定"按钮。

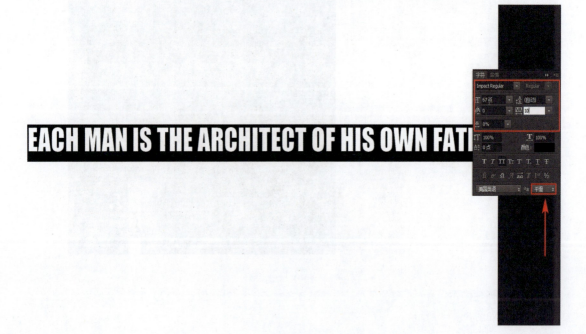

图3-115

图3-116

第 7 步：返回人物肖像的画布，选择画笔工具，在画笔面板中勾选"形状动态"复选框，将大小抖动参数调高，这里笔者调到了最大，让画笔大小随机变化分外强烈，如图 3–117 所示。调节好后，将前景颜色改为黑色，单击顶部蒙版前面的空白图层，放大画布，对人物进行文字画笔填充，如图 3–118 所示。如果觉得画笔大小随机产生的大小不理想，可以手动放大、缩小画笔。

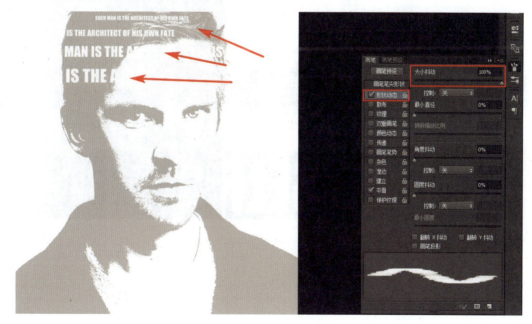

图3-117

图3-118

第 8 步：用文字填满人物后，隐蔽此图层下方的图层。新建文字图层，输入主标题，根据需求在字符面板中调节文字大小及垂直缩放等参数，如图 3-119 所示，用裁剪工具对画面进行重构。

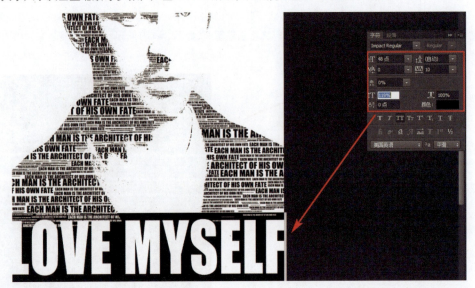

图3-119

第 9 步：单击图层面板下方的"创建新的填充或调整图层"图标，在弹出的快捷菜单中选择"纯色"命令，然后选择一个想要的颜色后单击"确定"按钮。把混合模式改为线性光模式。线性光是指通过减小或增加亮度来加深或减淡颜色，使图像产生更高的对比度，具体效果取决于混合色。

第 10 步：如果想将人物改为冷色调，可以使用"曲线"命令，如图 3-120 所示。选择蓝色通道，增加曲线暗部的蓝色信息，减少亮部的蓝色信息。

图3-120

第11步:选择主标题文字图层,在菜单栏中选择"图层→图层样式→投影"命令,打开"图层样式"对话框,如图3-121所示。给主标题加一点阴影效果,让文字看上去更有立体感。降低不透明度以拉开投影与文字之间的距离,扩展、大小的数值均设置为0。

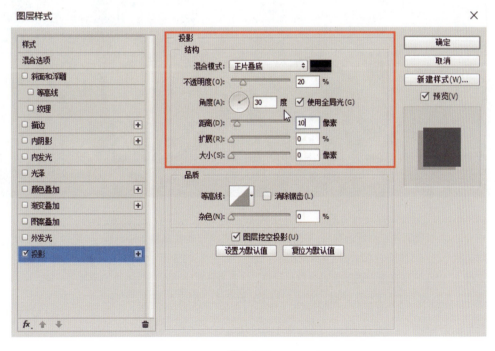

图3-121

3.3.3 Camera Raw

Camera Raw 是一款编辑 RAW 文件的强大工具。"RAW"指单反数码相机所生成的 RAW 格式的文件。那什么是 RAW 格式呢？标准名词解释是"原始图像存储格式"，就是未经过处理的图像，你也可以理解为数字底片。因为它会记录相机拍照时的参数信息，所以我们可以在 Camera Raw 里对白平衡、曝光等参数进行修改。当然，普通的图片格式也可以经过 Camera Raw 进行调节。只是普通的照片进入 Camera Raw 里，不会存有相机里的参数信息。

Photoshop CC 系列的 Camera Raw 插件是直接嵌入的，方便大家使用。如果大家使用的软件版本中没有，那么可以下载此插件，安装到软件中便可以正常使用了。

3.3.4 建立自己的滤镜库

除了修正照片颜色，我们还可以利用 Camera Raw（之后统称为 CR）调节一些风格化的颜色并存储起来，如图 3-122 所示。这样随着时间的积累，慢慢地就拥有了一套属于自己的滤镜库。

图3-122

第 1 步：导入素材图并复制背景图层，在图层 1 上右击，在弹出的快捷菜单中选择"转换为智能对象"命令，然后在导航栏中选择"滤镜→Camera Raw 滤镜"命令，如图 3-123 所示。

第 2 步：根据实际情况进行调节。以当前照片为例，笔者只想让暗部信息的细节更明显一些，所以将阴影参数调高了，并降低了自然饱和度参数，对太过艳丽的颜色进行相应地调整，如图 3-124 所示。

图3-123

图3-124

第3步：选择HSL/灰度面板，单击色相标签，对原图的黄色、绿色、蓝色进行颜色偏移，让照片中的颜色变成我们喜欢的色调。

第4步：现在的颜色整体看上去没有高光的层次。可以在HSL/灰度里切换明亮度标签，提高橙色的明亮度，如图3-125所示，提高颜色对比度。

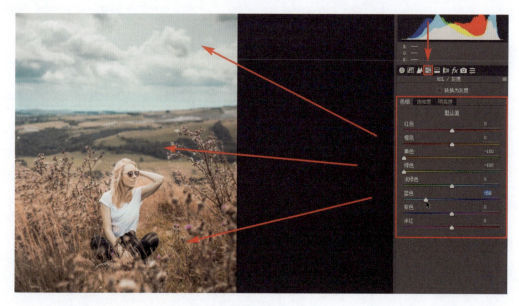

图3-125

第 5 步：如果觉得调节完明亮度，照片的颜色过亮，那么可以切换到色调曲线面板，如图 3-126 所示，在点模式里对亮部、暗部进行压暗和提亮处理。

第 6 步：在调节好颜色效果后，就可以选择预设面板了。在右下角找到并单击"新建预设"按钮，打开"新建预设"对话框，大家可以给预设进行命名。子集里的设置，建议大家默认全部选中即可，如图 3-127 所示。这样无论大家调节过哪些参数都会被记录。设置好后单击"确定"按钮即可。

图3-126

图3-127

除此之外,还可以单击预设面板右侧的"四个小横杆"的设置按钮,选择"存储设置"命令,如图3-128所示,同样会弹出和"新建预设"相似的对话框。不同的是,单击"确定"按钮后,会再次弹出一个文件存储位置的对话框,大家需要在这里进行对预设的命名及保存。

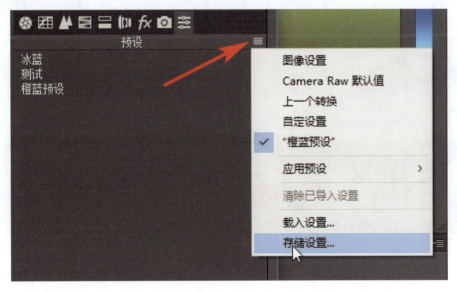

图3-128

第3章 提升知识之升级技能 | 109

保存的预设会储存在 Camera Raw 预设的默认路径里。如果大家找不到，可以在存储设置窗口上单击路径并进行复制，如图 3-129 所示。然后打开电脑里的文件夹后粘贴路径，即可快速找到所有保存过的预设。

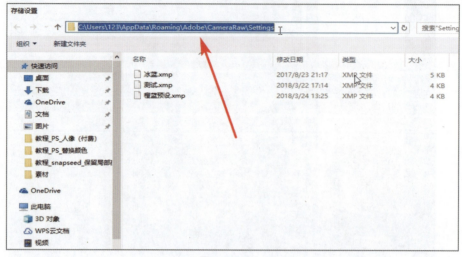

图3-129

第 7 步：导入一张风景图。打开 CR 滤镜，单击预设面板，选择刚才做好的颜色预设，图像已经快速变成了另一种风格，如图 3-130 所示。

图3-130

需要注意的是，使用预设得到的颜色，取决于素材图原本的颜色信息，所以每张图片使用相同滤镜后得到的效果也不尽相同。比如使用一张傍晚的图片，得到的效果和使用白天的图像必然有所区别，如图 3-131 所示。当大家存储的预设越来越多时，就可以切换预设，找到一个合适的效果保存起来。

图3-131

3.3.5　复古工笔画

相信通过对上一个案例的学习,大家知道如何使用CR可以改变图片的原始颜色。因此,我们可以用它来实现很多效果,比如复古工笔画,最终效果如图3-132所示。当然,要实现这个效果对素材图有一定的要求,建议大家寻找一些具有古风的人物素材和工笔画装饰图来进行制作。

人物素材摄影作者(国内人气摄影师):冉韵 Chaiirey

图3-132

第1步：新建画布，这里笔者创建的是1280像素×720像素，分辨率为72像素/英寸的画布。然后导入背景素材图，如图3-133所示，调整大小适配画布后，双击或按回车键退出自由变换状态。

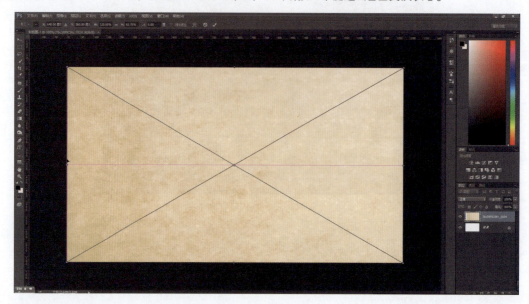

图3-133

调节色相/饱和度，对背景颜色进行颜色偏移，减少暖色信息，降低饱和度，如图3-134所示。调节曲线参数，将背景图片的颜色整体压暗，如图3-135所示。

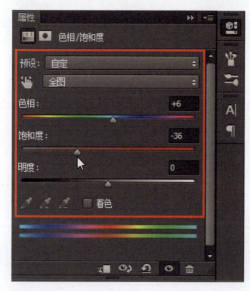

图3-134

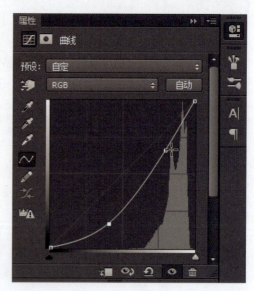

图3-135

第 2 步：导入人物素材，将素材转换为智能对象，在导航栏中选择"滤镜→ Camera Raw 滤镜"命令。

在基本面板里，对图片的色温、色调等参数进行调节，让人物的整体颜色更偏向于背景图的色调。如果想看前后效果，在旧版本的 PS 中可以在界面上方找到"预览"选项。在新版本的 PS 下方会看到一排按钮，如图 3-136 所示，大家可以切换视图来观看对比效果。

图3-136

切换到HSL/灰度面板，选择色相标签，对图片进行颜色偏向调整。选择饱和度标签，对黄色的参数进行下调；选择明亮度，增强调色参数或减弱颜色的光感，让图片颜色更有层次感。切换到分离色调面板，对高光、阴影进行色相及饱和度的调节（大家根据需求选择是否需要调节）。最后，如果你喜欢，也可以切换相机校准，通过对红、绿、蓝三元素色的调节，控制全局色相/饱和度。调整好后单击"确定"按钮即可。

第 3 步：用快速选择工具将人物框选，在快速选择工具的属性栏中单击"调整边缘"按钮，打开"调整边缘"对话框，对人物边缘进行微调，使边缘更加柔和，在"输出到"下拉列表中选择"新建带有图层蒙版的图层"选项，再单击"确定"按钮，如图 3-137 所示。

图3-137

第 4 步：为了使人物更像工笔画，需要给它做人物描边线的处理。这里复制人物图层，选择蒙版前面的人物图层，对图像进行去色处理，使图片变成黑白色，如图 3-138 所示。

第 5 步：复制被去色的人物图层，选取人物图层并进行颜色反相操作，如图 3-139 所示。

图3-138　　　　　　　　　　　　　　图3-139

把反相后的图层的混合模式改为颜色减淡模式，在菜单栏中选择"滤镜→其他→最小值"菜单命令。颜色减淡的效果是加亮底层的图像，同时使颜色变得更加饱和，与黑色混合则不发生变化。半径值可以调小一点，如图3-140所示。如果你觉得边缘线条还不够细，可以在"保留"下拉列表中将方形模式改为圆形模式再进行半径的调节。

图3-140

第6步：将做好的两个人物图层进行合并，让两个图层变为一个图层，然后将图层的混合模式改为柔光模式，如图3-141所示。

图3-141

第 7 步：如果觉得边缘线条还是不够明显，可以将描边的人物层转换为智能对象，在菜单栏中选择"滤镜→滤镜库"菜单命令。在滤镜库里选择"纹理→胶片颗粒"命令，并对它的参数进行调节，然后单击"确定"按钮。如果觉得人物过亮，可以在图层面板中调节不透明度参数，如图 3-141 所示。

图3-142

第 8 步：隐藏人物图层和处理过边缘线条的图层以外的图层，把当前画布里显示的效果盖印图层，合并到一个新的图层中，如图 3-143 所示。

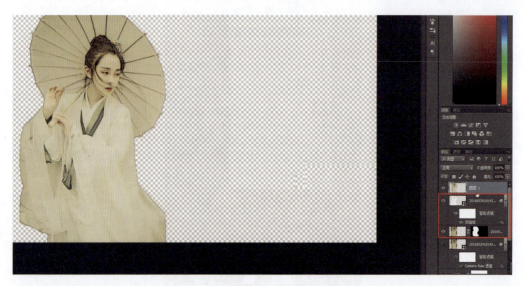

图3-143

第 9 步：给盖印出来的人物图层添加蒙版（下面两个人物图层可隐藏）。为了方便观察，可以显示出背景图层及使用了校色命令的图层，选择画笔工具，降低笔刷流量和不透明度，将前景颜色改为黑色，在蒙版中对人物衣服的下摆及袖子进行擦除，如图 3-144 所示。

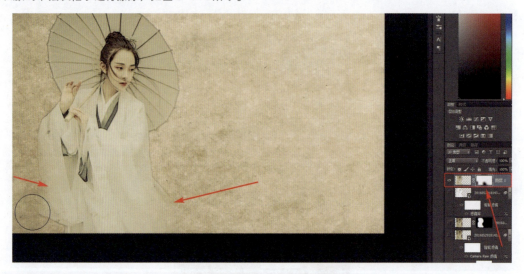

图3-144

第 10 步：导入梅花的素材，用和处理人物相同的方法，给它也做个描边线条。笔者觉得颜色有些亮，所以使用了"曲线"命令，并针对下层梅花进行了降低明暗度的处理，如图 3-145 所示。

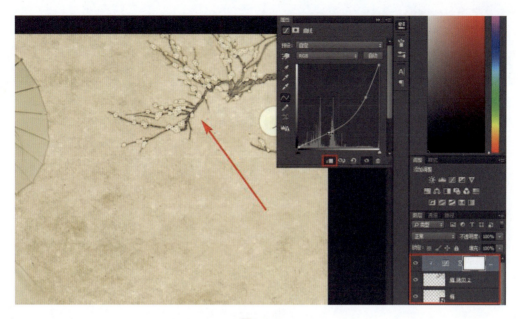

图3-145

第11步：寻找一些祥云的素材，对画面进行云层的排版。可以将某个云图层放在人物图层的下层来增强空间感。如果想让云层尾端有淡出的效果，可以给该云图层添加一个蒙版，使用渐变工具设置由白到黑的渐变色。调节好后，选中蒙版，在蒙版中按住Shift键并拖曳鼠标画一条直线，如图3-146所示。

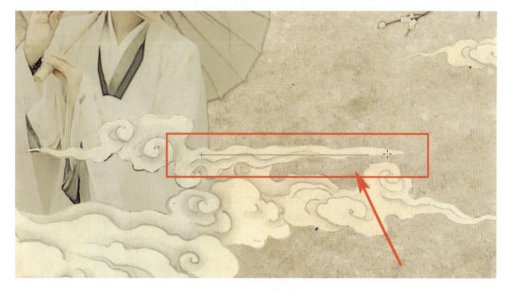

图3-146

第12步：选择文字工具，长按鼠标左键或右击，在弹出隐藏工具中找到直排文字工具，使用此工具给画面添加竖排文字，如图3-147所示。在字符面板中对文字进行字体、大小、字间距等的调节。

图3-147

第13步：导入中国印的素材，调整大小，分别放于文字下方和画面右下角。如果觉得背景过于空旷，还可以找一个毛笔字的素材放于人物图层的下层，将图层的混合模式改为柔光模式。同样为该图层添加蒙版，按住 Shift 键并在毛笔字素材的蒙版中画一条拥有由白到黑的渐变色的线条，实现淡出的效果，如图 3-148 所示。如果觉得毛笔字过于明显，可以适当地降低不透明度的值。

图3-148

第 14 步：为了使画面和背景更加融合，可以给它制作一种画在纸上的效果。首先将人物图层及装饰素材图层放在同一组中，然后复制该图层并放于所有图层顶部，将图层的混合模式改为正片叠底模式。这时颜色会显得过于暗淡，可以降低不透明度的值。

第 15 步：给画面制作纸张纹理，让其具有凹凸感。先将现在的效果盖印到新的图层中，然后将其转换为智能对象。在菜单栏中选择"滤镜→滤镜库→纹理→纹理化"菜单命令，然后对参数进行调节，使画面有轻微的凹凸效果，然后单击"确定"按钮即可。

至此具有复古工笔画风格的图像就完成了。

第4章

提升案例之高级进阶

4.1 海报制作

4.1.1 穿插风格海报

用 Photoshop 软件制作海报并不难，难的是没有好的想法，以及如何实现它。这就涉及自己对软件的了解程度了。首先要尽量熟悉软件，其次才是设计。现在我们结合之前学过的知识来制作一张完整的海报，原图与最终效果图对比如图 4-1 所示。

图4-1

第 1 步：导入素材图并复制背景图层，对图层 1 使用 "色彩平衡" 命令，在色彩平衡属性面板中对中间调、阴影、高光部分分别进行颜色偏移，如图 4-2 所示。使画面的整体颜色更柔美，具有女性色彩。

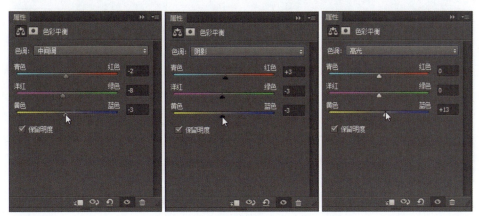

图4-2

第2步:在图层最上层建立一个空组,将其命名为芭蕾舞裙线,以便修改时可以快速找到该组。选择钢笔工具,在钢笔工具的属性栏中选择"选择工具模式"下拉列表中的"形状"选项,不填充,只描边,描边的粗细根据实际效果而定。

沿着想要描绘的线条进行钢笔绘制,以直线连接,如图4-3所示。然后用白箭头(直接选择工具)调节做得不太好的锚点。在芭蕾裙上画不规则三角形,丰富画面绘制效果。这里需要注意,如果想另起一个端点,需要按住 Ctrl 键切换成白箭头(直接选择工具),在画布中的其他区域单击,如图4-4所示,结束上一个锚点。这样就不会导致因线条无法断开而一直处于连接的状态。

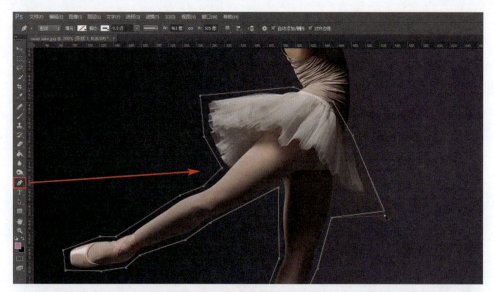

图4-3

图4-4

再新建一个空组，在该组下用同样的方法给两腿之间画放射状直线并连接在一起，如图 4-5 所示，锚点位置可以是腿部描线转折的点。如果想对所有直线的一端进行移动来调节位置，可以按住 Shift 键选中所有的直线图层，用白箭头（直接选择工具）框选所有直线指向的锚点，然后就可以进行锚点的位置移动了，如图 4-6 所示。

图4-5

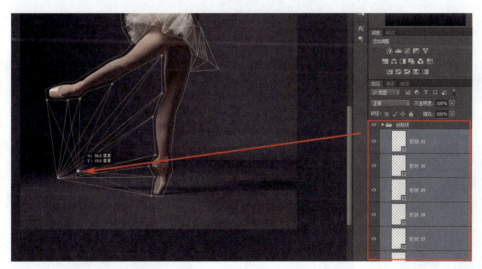

图4-6

第 3 步：用文字工具输入大标题，调节合适的字体、大小、文字间距及位置。然后把人物素材图所在图层及使用"色彩平衡"命令的图层选中，然后复制这两个图层，如图 4-7 所示。将两个图层合并在一起，拖到顶层。直接给该图层添加蒙版，蒙版颜色为黑色，然后用柔边的画笔工具，降低笔刷流量，将前景颜色改为白色，在蒙版中对想要隐藏文字的地方进行涂抹，如图 4-8 所示，让人物与文字形成穿插的视觉效果。

图4-7

图4-8

第 4 步：为了让效果更真实，可以加深文字与人物穿插部位的阴影。先新建一个空白图层，按住 Ctrl 键选择绘制好的蒙版，提取出穿插部分的选区，然后单击空白图层，填充为黑色，如图 4-9 所示。将阴影图层转换为智能对象，在菜单栏中选择"滤镜→模糊→高斯模糊"菜单命令，打开"高斯模糊"对话框，如图 4-10 所示，调节合适的半径值，单击"确定"按钮。

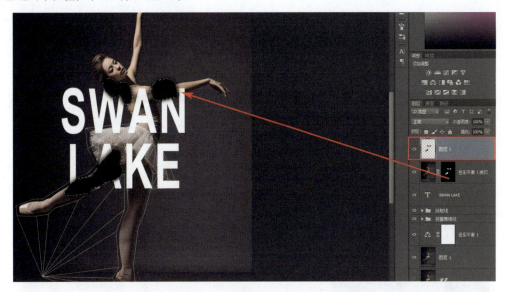

图4-9

图4-10

把阴影图层移到复制的人物图层下方，如果觉得太深，可适当降低不透明度。然后给阴影图层也添加蒙版，将前景色改为黑色，用柔边画笔对不自然的地方进行擦除。

第5步：给文字图层添加图层样式中的"内阴影"效果，将图层的混合模式改为正片叠底模式，降低不透明度，设置距离、阻塞、大小的值，如图4-11所示。勾选"投影"复选框，将图层的混合模式同样改为正片叠底模式，降低不透明度，设置角度、距离、扩展、大小的值，可根据想要的效果进行调节，如图4-12

所示，调整完后单击"确定"按钮即可。

图4-11

图4-12

第 6 步：导入一张纹理素材图，调整到可以覆盖住所有文字的大小，如图 4-13 所示，然后双击或按回车键退出自由变换状态。将纹理图层与下层做剪贴蒙版（快捷键为 Ctrl+Alt+G）的操作，如图 4-14 所示，让文字拥有一层纹理效果，丰富文字的显示效果。

图4-13

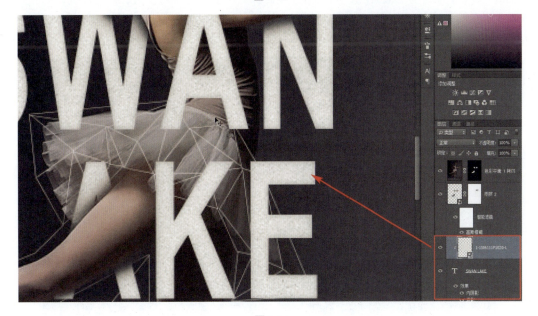

图4-14

第 7 步：增加辅助文字信息。新建空白图层，在该图层中，使用椭圆选框工具在文字下方画阴影，如图 4-15 所示，将图层转换为智能对象，在菜单栏中选择"滤镜→模糊→高斯模糊"命令，打开"高斯模糊"对话框，调节合适的半径值，然后单击"确定"按钮。

图4-15

再在菜单栏中选择"滤镜→模糊→动感模糊"命令，打开"动感模糊"对话框，给阴影进行水平角度的模糊处理，如图 4-16 所示，效果强度可通过调节距离参数实现。如果觉得模糊效果不好，可以双击图层下记录的模糊滤镜效果来修改参数，也可以添加蒙版，对一些不自然的地方进行蒙版擦除修改，然后将阴影图层移至辅助文字图层的下层，如图 4-17 所示。

图4-16

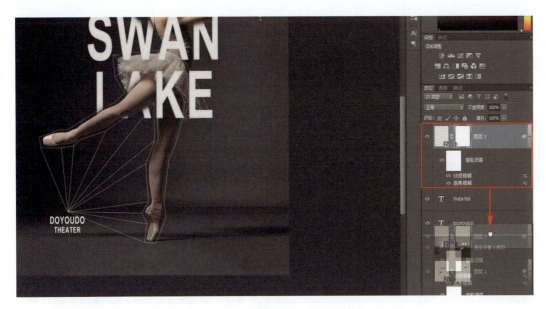

图4-17

第 8 步:继续排版辅助文字信息。这里可以修改部分文字的颜色,让整体颜色显得不过于苍白,颜色可以选择画面中的某一种类似色,如图 4-18 所示。然后将几个文字图层放在同一个组中并更改组名。因为在整体画面下方的文字偏多,所以会产生整体下坠的感觉,可以通过在顶部输入一排小标题来平衡画面,如图4-19所示。

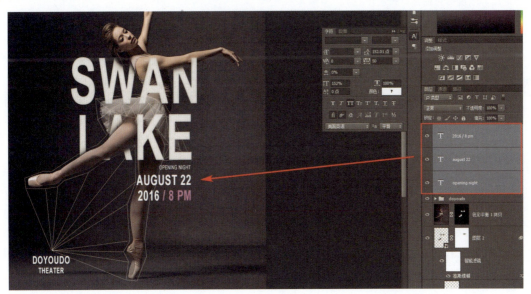

图4-18

第4章 提升案例之高级进阶 | 129

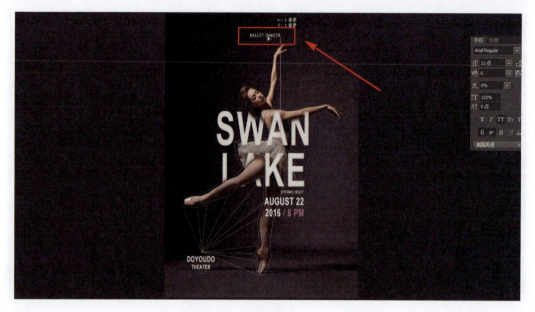

图4-19

第9步:把当前效果盖印到新的图层中,将图层混合模式改为柔光模式,降低不透明度,使效果不过于强烈。至此就完成了一张具有独特风格的文字与人物的穿插海报了。当然,也可以和其他东西(植物、食物、动物等)进行搭配,大家都可以尝试去制作。

4.1.2 扁平风海报

随着"三维潮流"的消退,二维扁平风渐渐崛起,越来越多的人如今更偏爱2D,对3D已经产生了视觉疲劳。因为这类海报大部分都是通过绘制完成的,所以需要可以熟练地使用钢笔工具。

在制作海报之前,先了解一下布尔运算的几种镂空方式。首先,需要确认所有图形的路径在一层中,然后在形状或钢笔工具模式下,找到属性栏中的"路径操作"选项,选择"减去顶层形状"命令,如图4-20所示。我们可以很直观地看到,上层形状覆盖的所有区域被挖去了。接着选择到"与形状区域相交",可以看到,除了两个长方形重叠的地方,其他无重叠的区域被减去了,如图4-21所示。

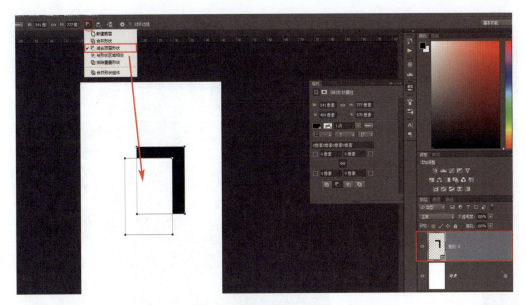

图4-20

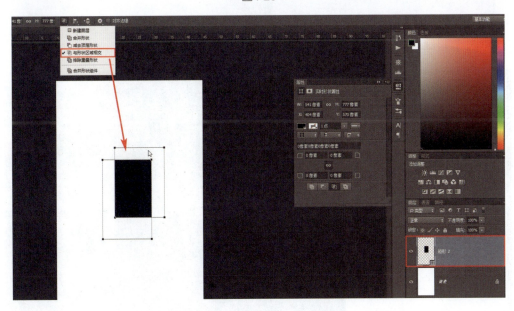

图4-21

最后选择"排除重叠形状"命令,很明显与上一个选项相反,重叠的区域将被挖去,如图 4-22 所示。这样相信大家可以明白这几种布尔运算的效果了,在之后的制作中,我们会比较频繁地使用到它,熟练的操作可以极大提高绘图效率。

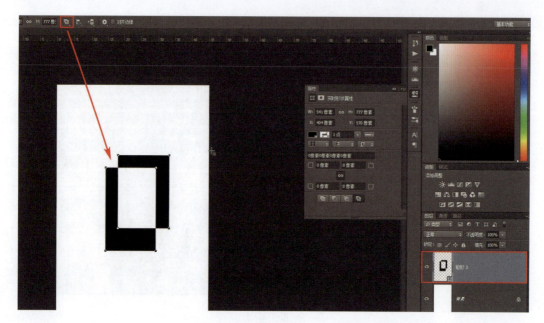

图4-22

第1步：建立一个想要制作的海报的尺寸的画布。可以根据主题和文案信息做一些色板，如图4-23所示，方便我们在后期制作中统一颜色。当然，也可以在网上找一些设置好的色板。

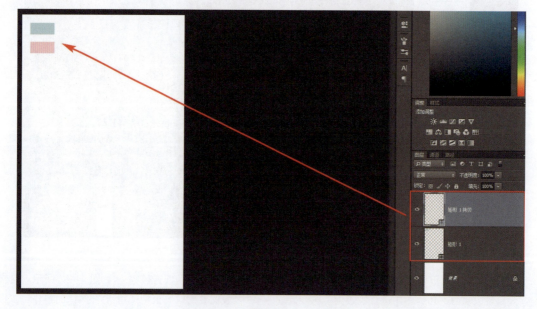

图4-23

第2步：新建一个图层，并对其使用"纯色"命令，设置好后放在所有图层的最下面作为背景色。选择矩形工具，在画布顶部画一个黄色长条，如图 4-24 所示。将矩形工具切换成椭圆工具，按住 Shift 键可以发现，鼠标指针出现了加号的标志，如图 4-25 所示。

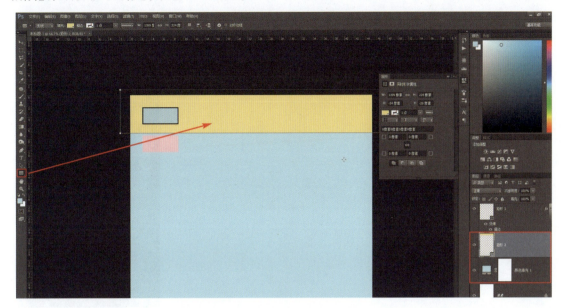

图4-24

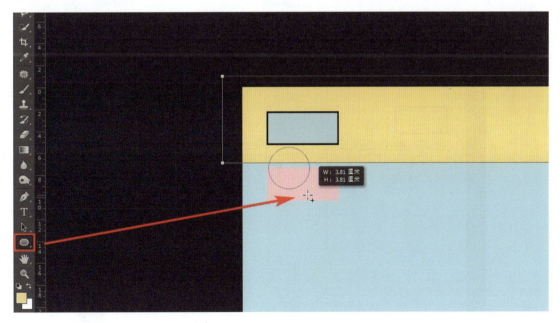

图4-25

这时在长方形的下端画圆形，可以直接画在同一形状图层中，比画完再合并要便捷。画好一个圆后，直接在弹出的属性面板中选择"减去顶层形状"选项,如图4-26所示,就完成了两个形状之间的布尔运算,用同样的方法根据需求画不同大小的圆。

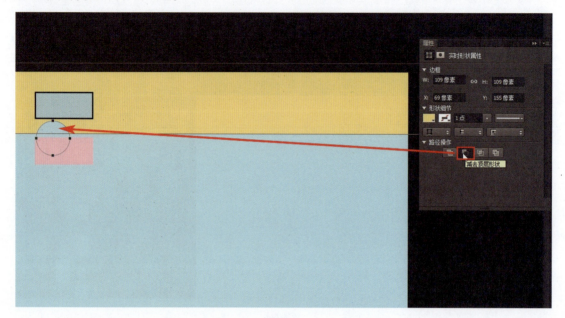

图4-26

在两个圆之间的下端拉开距离,按住Shift键再画一排不同大小的圆,如图4-27所示。然后切换到矩形工具,画连接下端圆形的长条,如图4-28所示。这里需要注意的是,我们按住Shift键画出矩形后,需要松开Shift键,然后才能画出长条,不然只能画出正方形。

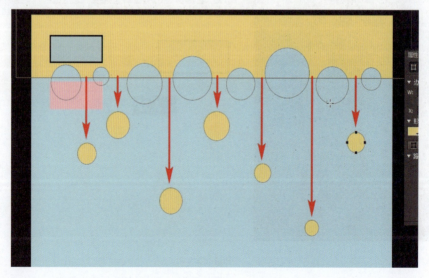

图4-27

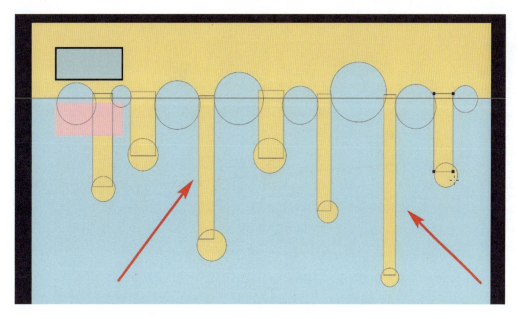

图4-1-28

单击画好的路径图层,在属性栏中选择"路径操作"选项中的"合并形状组件"命令,如图4-29所示,让独立的所有路径融为一体,选择此命令后会弹出一个确认"是否继续"的对话框,单击"是"按钮即可。用钢笔工具对形状进行调节,如图4-30所示,让路径变成自然的液体形态,可以适量地减少多余的锚点,这样调节起来会更容易。

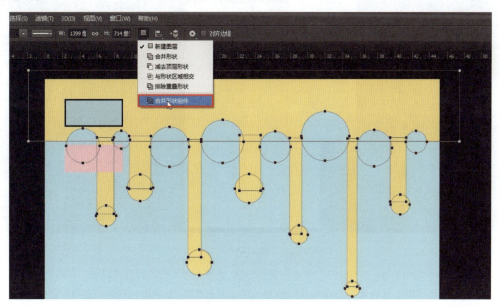

图4-29

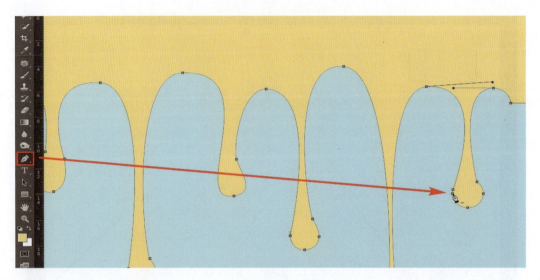

图4-30

第 3 步：在视图下拉菜单中调出标尺参考线（快捷键为 Ctrl+R），然后从上侧和左侧分别拉出一根参考线，在画布正中心做十字交叉参考线，如图 4-31 所示。

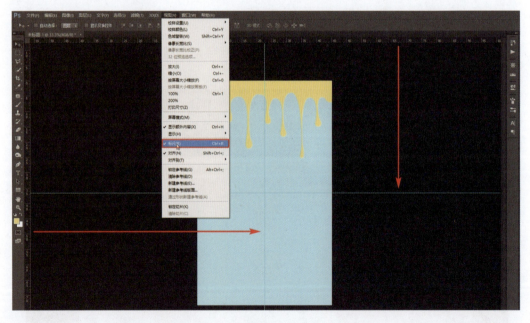

图4-31

第 4 步：选择多边形工具，在属性栏中将边的值改为 3，如图 4-32 所示。然后在画布中画等边三角形，选择喜欢的颜色后，用移动工具将等边三角形移到参考线下方的正中间。用钢笔工具对左边和下边的端点进行弧度调节，如图 4-33 所示，调出自由变换区域，对整体形态进行变形调节。

136 | Adobe Photoshop 新手快速进阶实例教学

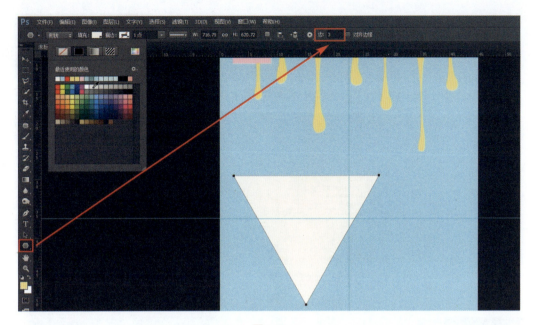

图4-32

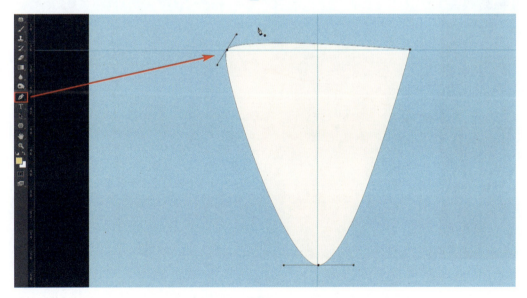

图4-33

为了使两边的形态相同,复制调好的形状图层,调出自由变换区域,右击,在弹出的快捷菜单中选择"水平翻转"命令,如图4-34所示。用椭圆工具在上端画椭圆,如图4-35所示。切换到移动工具,调整到合适的位置。选中甜筒部分的所有形状图层放在同一组中。

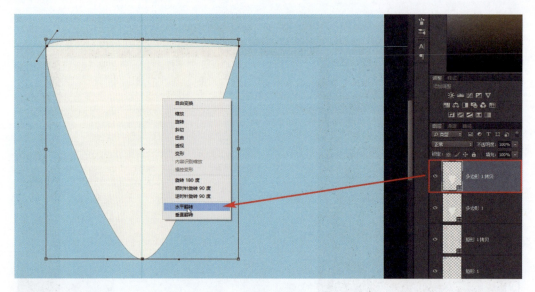

图4-34

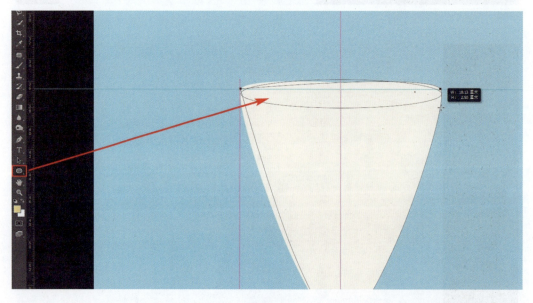

图4-35

第5步：然后做包装纸上的条纹图案，用矩形工具画长条并复制该图层，调出自由变换区域，向下移动一定距离后，按下回车键或双击退出自由变换状态。然后重复之前的操作，做几个同样大小及间距相等的长方形，如图4-36所示。

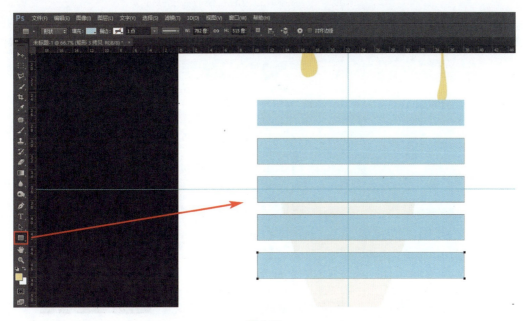

图4-36

选中所有长方形图层多选后合并图层,移动到甜筒形状上的合适位置,调出自由变换区域。鼠标放在四个角的任意位置,当箭头变成旋转图标时,对长条进行适当的旋转,然后按回车键或双击退出自由变换状态。在菜单栏中选择"滤镜→扭曲→球面化"菜单命令,如图4-37所示,在弹出的对话框中选择"转换智能对象"选项。

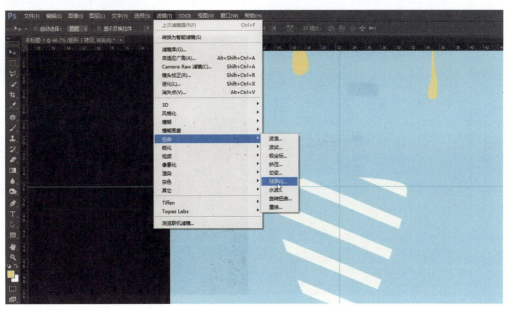

图4-37

第4章　提升案例之高级进阶 ┃ 139

这里可以看到球面化越靠近画布四周，效果就越强烈，如图4-38所示。如果大家觉得拱出来的效果不明显，可以先将长条整体下移，再实现球面化的效果，然后移到合适的位置并对下层甜筒组进行创建剪贴蒙版的操作。

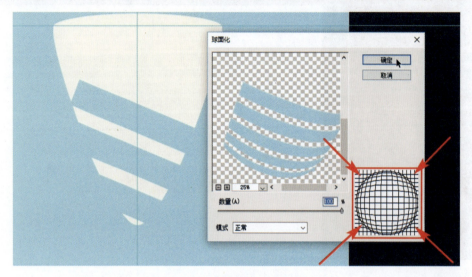

图4-38

第6步：复制甜筒组，移至最上层，将最上层甜筒向上移动一定距离，如图4-39所示。打开复制的组，双击形状图层，对三个层分别修改颜色。打开原本的组，这里需要想办法让包装纸裹住甜筒，操作看着复杂，但实际操作很简单。首先，需要加选甜筒所有的制作图层的选区，当看到图层上出现小抓手及加选选区的鼠标指针后，如图4-40所示，即可加选图层的选区。

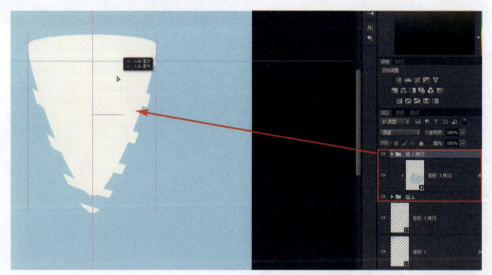

图4-39

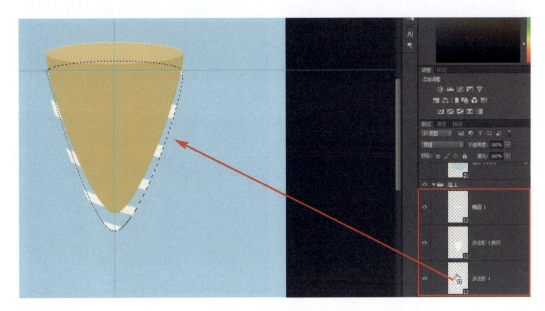

图4-40

剪掉顶部的椭圆形选区,就可以得到想要的选区形态了。所以,这里找到椭圆形状图层进行减选,如图4-41所示。做好选区后,回到复制的甜筒组,在组上添加蒙版。此时蒙版的黑色和白色是相反的,所以我们对蒙版进行颜色反相操作,如图4-42所示。

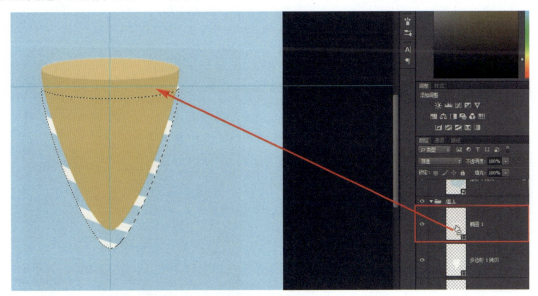

图4-41

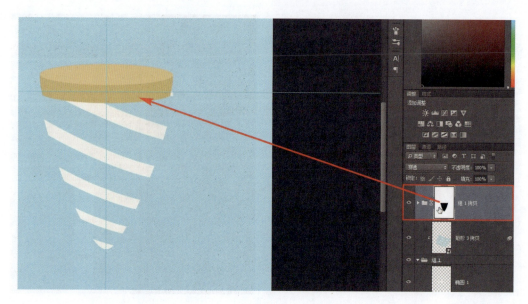

图4-42

第7步：选择矩形工具，用和做包装纸条纹时相同的方法排列长条，如图4-43所示，做甜筒蛋卷上的纹理。将所有长条图层合并，单击合并后的层并进行复制，调出自由变换区域。右击，在弹出的快捷菜单中选择"顺时针／逆时针旋转90度"命令，双击或按回车键退出自由变换状态，将两层进行合并。把做好的网状纹理层移动到甜筒上层，把甜筒的两层形状图层也进行合并，然后对网状纹理与甜筒进行剪贴蒙版的操作，如图4-44所示，如果觉得甜筒哪里颜色不好，可以分别双击形状图层并对颜色进行修改。

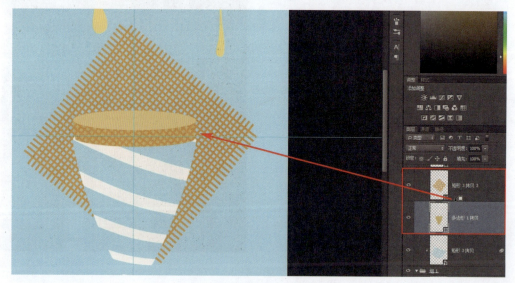

图4-43

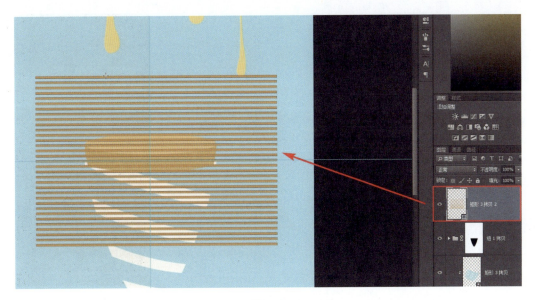

图4-44

第8步：用椭圆工具画冰淇淋，可以画一个小描边，描边的粗细程度自己掌握，如图 4-45 所示。复制冰淇淋图层，将颜色改为奶白色并去掉描边，如图 4-46 所示。

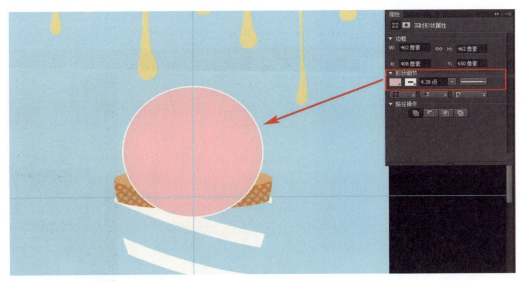

图4-45

第4章 提升案例之高级进阶 | 143

图4-46

因为我们要把奶白色冰淇淋做成浇在粉色冰淇淋上的效果,所以这里用钢笔工具对奶白色冰淇淋做一个去掉下半部分的形状勾绘,确保两个形状在同一形状图层中,在属性栏中选择"路径操作"选项中的"减去顶层形状"命令,如图4-47所示。用和开始做顶部流体效果时相同的方法画奶白色冰淇淋上的基础形状,然后选中所有路径,在属性栏中选择"路径操作"选项中的"合并形状组件"命令,如图4-48所示。

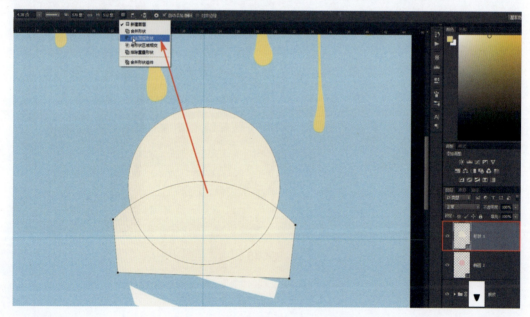

图4-47

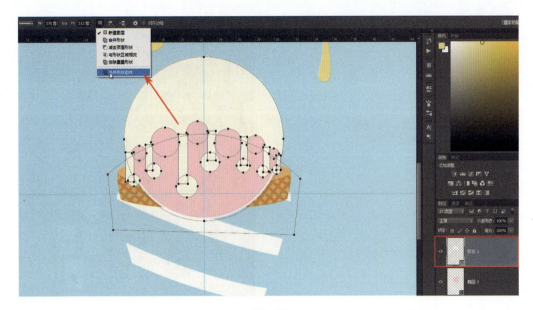

图4-48

同样用钢笔对锚点进行曲线、删点等操作，调节到我们满意的效果。找到甜筒组，调出甜筒的选区，减选掉顶部椭圆形，以得到想要的选区形状，如图 4-49 所示。选择粉色冰淇淋图层，然后对其添加蒙版，同样对蒙版颜色进行反相操作。这样冰淇淋就放到了甜筒里面，如图 4-50 所示。

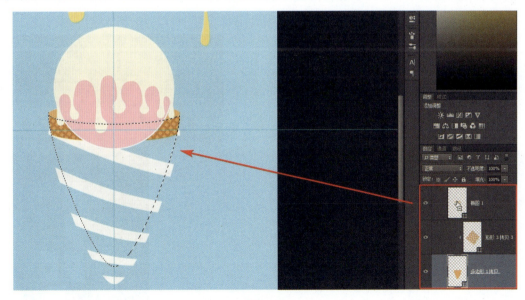

图4-49

第4章 提升案例之高级进阶 | 145

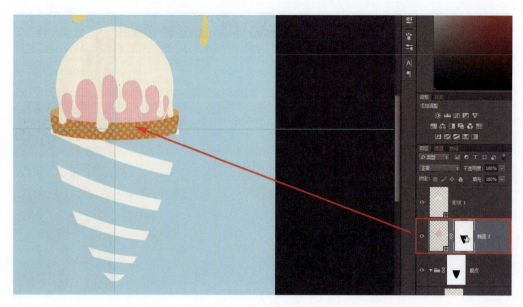

图4-50

第9步：用椭圆工具在奶白色冰淇淋上画几个圆球，切换到钢笔工具，对其中一个圆球进行变形调节，让它出现一个小凸起，如图4-51所示。为了好观察，隐藏形状1图层，选择钢笔工具绘制圆球形状下半部分的曲线，确定和圆球在同一形状图层中，在属性栏中选择"路径操作"选项中的"减去顶层形状"命令，如图4-52所示，如果左右两侧有"穿帮"的地方，那么可以再用钢笔工具对路径进行细微的调节。

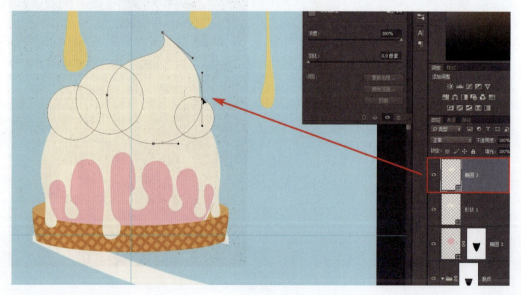

图4-51

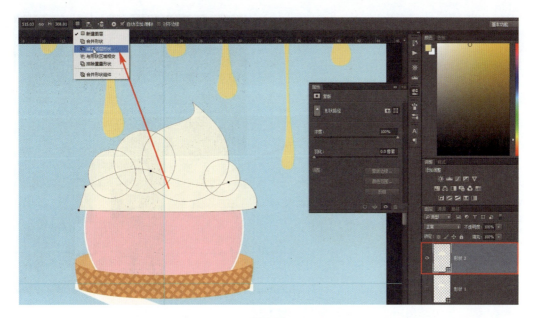

图4-52

将奶白冰淇淋图层和粉色冰淇淋图层放在同一组中,如图4-53所示。按住Ctrl键并单击圆球形状图层提取选区,选择冰淇淋组并添加蒙版,同样对蒙版颜色进行反相操作,然后选择圆球形状图层,向上移动一段距离,如图4-54所示。

图4-53

第4章 提升案例之高级进阶 | 147

图4-54

第10步：用椭圆工具及钢笔工具画樱桃，放在圆球奶油图层的下层，按住 Ctrl 键提取圆球奶油选区，如图 4-55 所示。选择樱桃形状图层并添加蒙版，对蒙版进行颜色反相操作，如图 4-56 所示，然后将樱桃也向上移动一段距离。至此就完成了甜筒冰淇淋部分的绘制，为了方便以后修改，最好在分组的时候给每个组重命名。

图4-55

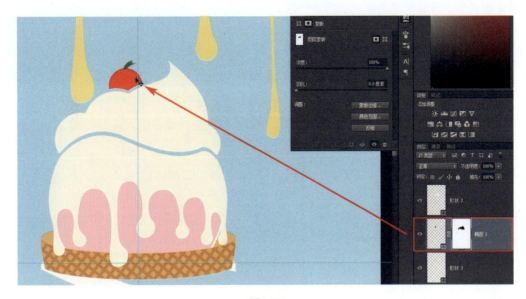

图4-56

第11步：用矩形或圆角矩形工具画横幅，在属性面板中可以调节圆角大小，如图4-57所示。选择钢笔工具，画横幅折起来的形状。然后复制一层，调出自由变换区域，将中心点移动到纵轴参考线上，在折角上右击，在弹出的快捷菜单中选择"水平翻转"命令，如图4-58所示。

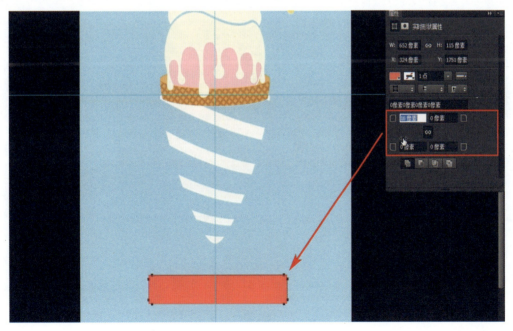

图4-57

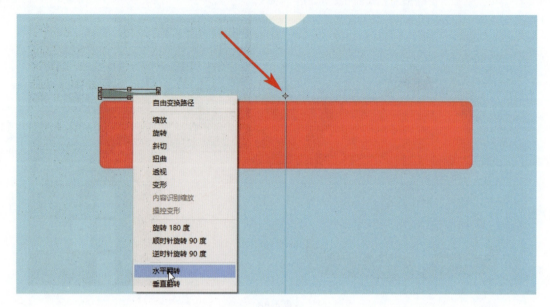

图4-58

再次右击,在弹出的快捷菜单中选择"垂直翻转"命令,如图 4-59 所示,然后移到横幅下方,双击或按回车键退出自由变换状态。将三个形状图层放在同一组中,复制该组,隐藏第一个组,在复制的组上右击。在弹出的快捷菜单中选择"转换为智能对象"命令,如图 4-60 所示。

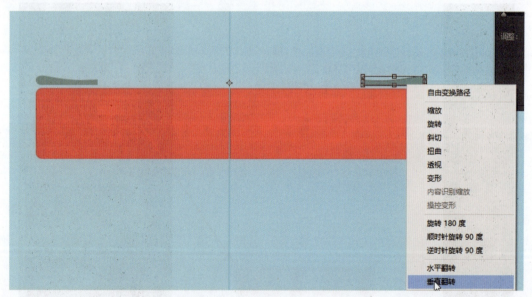

图4-59

图4-60

进入自由变换状态后,右击,在弹出的快捷菜单中选择"变形"命令,在属性栏中的下拉列表中选择"旗帜"命令,如图4-61所示。然后根据实际需求,调节合适的弯曲大小,按两次回车键以确定。选择文字工具,在横幅上输入文字,对横幅同样进行旗帜变形操作,调节合适的弯曲大小后,如图4-62所示,退出"变形"状态,把文字也拖入横幅组。

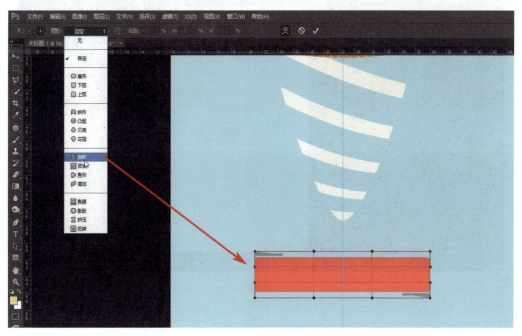

图4-61

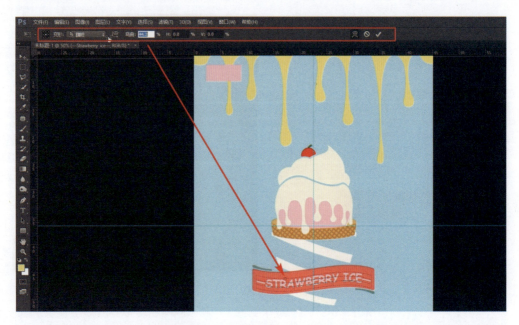

图4-62

第12步：用钢笔工具，沿右上到左下，再到右下顶点画一个三角形，如图4-63所示，然后吸取色板上的粉色。

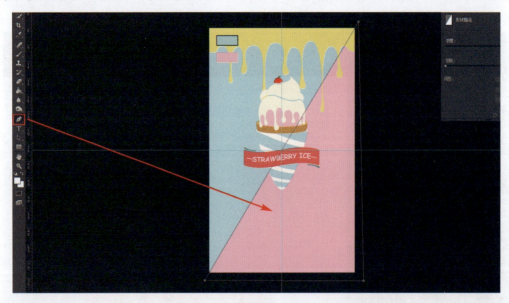

图4-63

第13步：在右下角对主文字进行不规则排版，用钢笔画几条斜线，选择多边形套索工具，沿斜线画一个区域，如图4-64所示。然后选择对应文字图层放在同一组中，为该组添加蒙版，并对蒙版进行颜色反相操作。

图4-64

继续排列辅助文字和小斜线作为点缀。如果觉得斜线的端点不好看,那么可以选中所有斜线图层,在属性栏中单击"描边类型"选项,在下拉菜单中选择"圆头"选项,如图4-65所示。在画面右侧画竖线,在"描边"选项中选择虚线显示方式,如图4-66所示,在虚线上端用多边形工具画个小三角,在虚线下端写辅助文字。

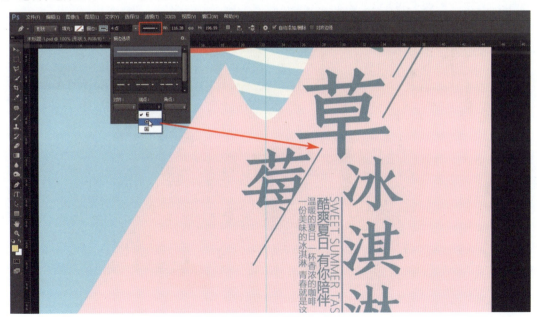

图4-65

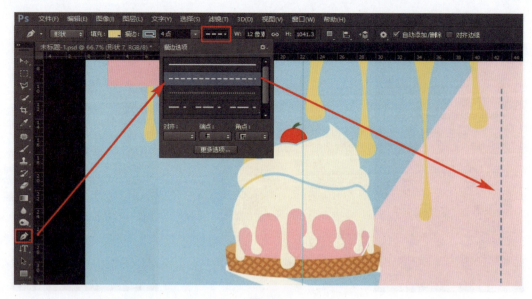

图4-66

第14步：现在画面的整体有点往右下沉。所以要在左边做一些东西来平衡画面。我们在左上角做一个类似"新品推荐"的文字，如图4-67所示。选择自定形状工具，在属性栏中选择喜欢的形状图形，如图4-68所示。如果没有喜欢的，那么可以单击图形列表右上角小齿轮标志，在该设置中追加PS软件中预设的一些其他图形。在左下方画好图形，编辑里面的文字信息。

图4-67

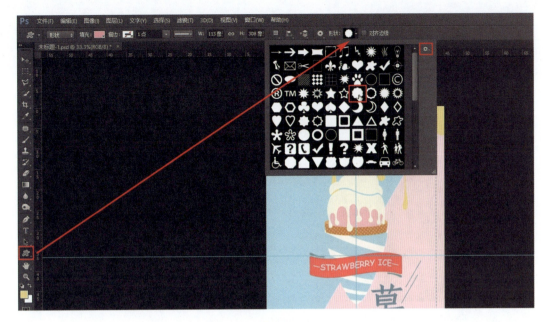

图4-68

第15步：给蓝色背景增加点缀。找到背景图层，单击图层面板下方的"添加图层样式"图标，在弹出的快捷菜单中选择"图案叠加"命令。弹出"图层样式"对话框，在"图案"选项中选择网点图案，将图层的混合模式改为柔光模式，如图4-69所示。选择矩形工具，用之前做甜筒纹理的方式再做一排横条，合并到一层后，调出自由变换区域，旋转调节到合适的角度及大小，如图4-70所示，双击或按回车键退出自由变换状态。最后可以对颜色及显示效果再做些调整，比如像最开始的效果图一样，给甜筒冰淇淋加一个硬阴影等。

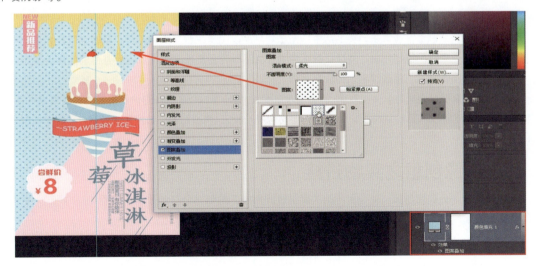

图4-69

图4-70

至此一张具有扁平风格的海报完成了。其实在具有扁平风格的海报中,我们制作的这张并不算复杂,但通过学习此案例,大家可以了解到大部分具有扁平风格的海报是如何绘制完成的。

4.2 影像创意

影像创意照里的画面,通常在现实生活中是无法看到的。简单来说就是合成照,换言之就是用各个不同场景拍摄的照片或素材图进行拼凑,然后让画面中所有的图像光影及色调统一,最后通过调色来渲染照片的整体气氛,过程虽然复杂,但最终出来的效果很好。

为了让大家能更好地学习影像创意照,笔者思考了很久,终于总结出了制作影像创意照的比较普遍的手法,相信当你学完并理解以下案例中的合成方法后,一定可以举一反三,再看到类似的照片也能明白它是如何制作出来的了。

4.2.1 影像创意之实物拼接

第一种类型——实物拼接。就是用不同的素材进行拼接,得到一个新的效果,如图4-71所示。它也是影像创意里最简单的一种类型。

图4-71

第1步：导入素材并复制背景图层，用快速选择工具对蝴蝶兰的花朵部分进行选区框选，如图4-72所示。对于不小心多选的部分，可以按住 Alt 键，当工具符号变成减号时对多余部分进行减选。在图层1上添加蒙版，如图4-73所示。让花朵单独存在于图层的最上层，这样才能在不遮挡花朵的同时，给花茎添加喷溅效果。

图4-72

图4-73

第2步：导入抠好的喷溅素材图，放在花朵与背景图之间，调节位置、大小和角度参数，如果觉得喷溅效果很相似，可以多准备一些不同的素材图，或直接选择某一层，在自由变换模式下，右击，在弹出的快捷菜单中选择"水平翻转"命令，如图4-74所示，来打乱统一性。将喷溅素材图层放在同一组中，然后使用"色相/饱和度调色"命令，如图4-75所示。在自由变换状态下，右击，在弹出的快捷菜单中选择"创建剪贴蒙版"命令，只针对组做颜色调整（将色相偏移到绿色，降低饱和度与明度），让颜色与花茎颜色尽量统一。

图4-74

图4-75

第3步:导入牛奶喷溅素材,在自由变换状态下,右击,在弹出的快捷菜单中选择"变形"命令,如图 4-76 所示。对牛奶喷溅做变形调节,如图 4-77 所示,尽量让形状贴合花瓣边缘弧度。

图4-76

图4-77

给牛奶喷溅图层添加蒙版,用柔边画笔工具对多余的部分进行擦除,如图 4-78 所示。如果觉得使用一个喷溅素材不能很好地拼凑花瓣边缘,可以用两到三个这样的素材图进行修饰,如图 4-79 所示。

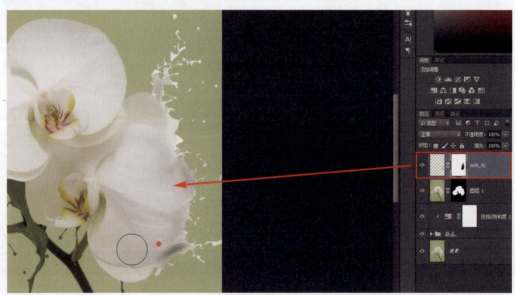

图4-78

图4-79

如果感觉喷溅素材的颜色和花瓣的颜色不够贴合,可以使用"曲线"命令。在自由变换状态下,右击,在弹出的快捷菜单中选择"创建剪贴蒙版"命令,只针对想要调节的喷溅图层进行调节,增加曲线亮部信息,如图4-80所示。

图4-80

第4步:用同样的方法,把所有的花瓣边缘都做好喷溅效果后,可以将当前画布中显示的画面盖印到一个新图层中，选择该图层，然后在菜单栏中选择"滤镜→锐化→ USM 锐化"菜单命令，如图 4-81 所示。根据画面效果及需求，设置 USM 锐化参数，如图 4-82 所示。至此就做好了一个用实物拼接完成的合成图像了。

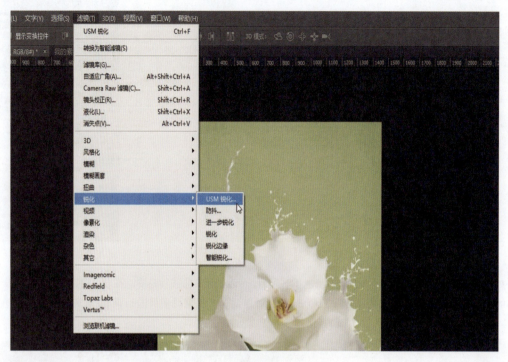

图4-81

图4-82

相比之下，这个案例算是影像创意的入门案例，既简单又实用，很多效果都可以通过两个或多个素材之间的拼接完成，大家可以实现一些好玩的合成效果。

4.2.2 影像创意之原图增益

第二种类型——原图增益。意思是在一张拍摄好的素材图上增加一些元素来丰富画面，如光效、烟雾、火焰等，最后统一色调及明暗关系就可以了，原图与最终效果图对比如图4-83所示。

图4-83

第1步：在做案例之前，需要先安装一个雪花笔刷，为之后的制作做准备。大家可以搜索关键词"雪花笔刷""粒子笔刷"等，找到合适的链接进行下载，下载后得到的是后缀为".abr"的文件。然后需要找到当初安装软件时，安装路径中的笔刷文件夹，如图4-84所示，将笔刷文件拖曳进去。

图4-84

启动PS软件，选择画笔工具，打开笔刷预设面板，单击右上角的"设置"按钮，找到"载入笔刷"选项，选择安装笔刷的路径，单击要载入的笔刷，单击"载入"按钮即可，如图4-85所示。

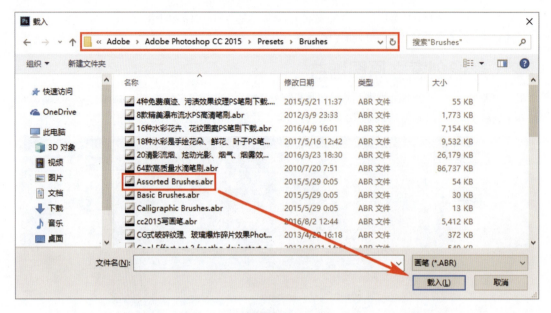

图4-85

第2步：导入素材图并复制背景图层，放大画布，用快速选择工具将雪花的部分框选出来，如图4-86所示。为了预防以后修改雪花边缘时用到，可以先做一个路径备份起来。从图层面板切换到路径面板，在路径面板的下方选择"从选区生成工作路径"选项，如图4-87所示。以便之后可以随时调取这个路径，做好路径后，切换回图层面板即可。

图4-86

图4-87

新建空白图层,将雪花框选出来,在选区模式下,右击,在弹出的快捷菜单中选择"描边"命令,如图4-88所示。在"描边"选项的宽度中输入数值,如图4-89所示。这个数值决定的是沿着选区描绘一个多少像素的边线,它会根据大家使用的素材图的大小而有所不同,并不固定。将颜色改为白色,单击"确定"按钮。

图4-88

图4-89

第 3 步:可以看到雪花边缘已经有了小白边,然后将该图层转换为智能对象,在菜单栏中选择"滤镜→模糊→高斯模糊"菜单命令,在弹出的"高斯模糊"对话框中设置半径的值,如图 4-90 所示,设置好后单击"确定"按钮。单击图层面板下方的"添加图层样式"图标,在弹出的快捷菜单中选择"外发光"命令,弹出"图层样式"对话框,设置各个参数,如图 4-91 所示。目的是让雪花的颜色更亮,发光效果更明显。

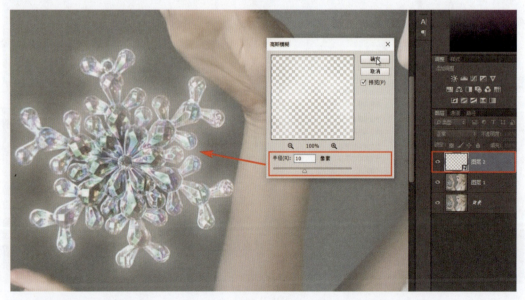

图4-90

166 | Adobe Photoshop 新手快速进阶实例教学

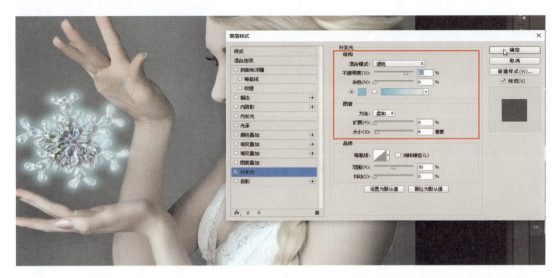

图4-91

第 4 步：新建空白图层，选一个和发光颜色同色系的较深的颜色，选择柔边画笔工具，在雪花上单击，然后画出光晕效果，如图 4-92 所示。将笔刷流量和不透明度都设置为 100%，然后将图层混合模式改为柔光模式。复制此图层，调出自由变换区域，将光晕放大一些，如图 4-93 所示。让雪花外部也有一些深色的光晕效果，将复制的光晕图层的混合模式改为滤色模式，增强整体发光效果。

图4-92

第4章 提升案例之高级进阶 | 167

图4-93

第5步：新建空白图层，选择柔边画笔工具，降低笔刷流量，对人物受到光晕照射的部分进行绘制，如图4-94所示。将此图层的混合模式改为滤色模式，适量降低不透明度，如图4-95所示。让人物有一层淡淡的光晕，多出的部分可以用带柔边的橡皮工具进行擦除。

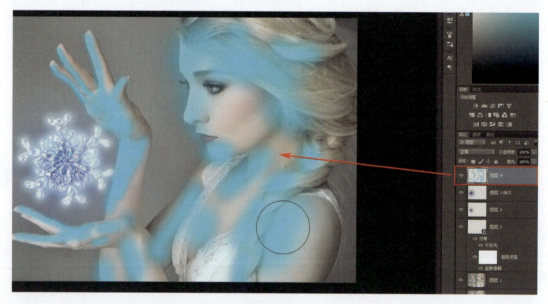

图4-94

图4-95

第6步：对最上面的图层使用"色彩平衡"命令，在色彩平衡的属性面板中分别对中间调、阴影、高光参数进行调节，如图4-96、图4-97、图4-98所示。如果觉得冷色调过多，可以通过调节使用了"色彩平衡"命令的图层的不透明度的数值来修改整体色调的强弱。

图4-96

第4章 提升案例之高级进阶 | 169

图4-97

图4-98

第7步：使用"曲线"命令，在RGB模式下，在曲线的属性面板中，将曲线下方控制暗部颜色的曲线向下拖曳，如图4-99所示。让画面中的暗部信息更多一些，以增加画面整体的空间感。

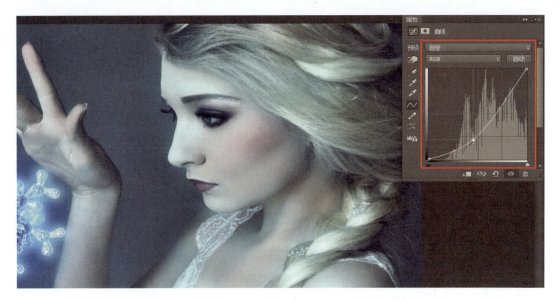

图4-99

第 8 步：新建空白图层，选择画笔工具，在画笔预设中找到之前安装的笔刷，调整合适的画笔大小，选择白色，将笔刷流量和不透明度设置为100%，在空白图层中单击，直到得到满意的有雪花粒子的效果为止，如图 4-100 所示。如果觉得一个雪花粒子图层不够，可以多复制几个这样的图层，调整每个图层中的雪花粒子的大小和角度，如图 4-101 所示，实现我们想要的效果。

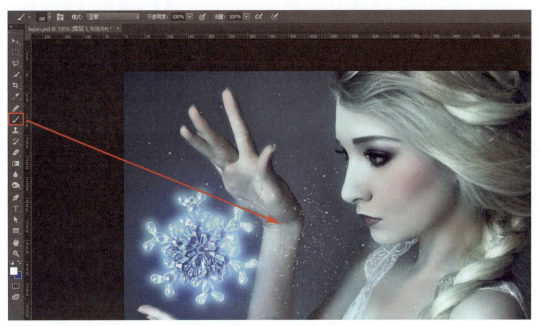

图4-100

图4-101

将所有的雪花粒子图层放在同一个组中,给该组添加蒙版,选择带柔边的画笔,降低笔刷流量,将前景颜色改为黑色,对多余的雪花粒子进行擦除。然后给该组添加"外发光"的图层样式,选择喜欢的发光颜色,将混合模式改为滤色模式,让雪花粒子也拥有一层淡淡的光晕效果。

第9步:使用"亮度/对比度"命令,对画面整体进行颜色的提亮和对比度的增加,如图4-102所示。将亮度/对比度后面的蒙版进行颜色反相操作,让调色效果隐藏。然后选择带柔边的画笔,降低笔刷流量,将前景颜色改为白色,对蒙版进行涂抹,如图4-103所示,让发光源和人物受光的地方亮出来。

图4-102

图4-103

第10步：打开"渐变编辑器"对话框，通过设置来统一图像整体的色调，如图4-104所示。渐变条左边的颜色控制暗部信息，右边的颜色则控制亮部信息。然后将使用了"渐变映射"命令的图层的混合模式改为柔光模式。如果觉得效果太强烈，可以通过降低不透明度来进行调节，如图4-105所示。

图4-104

图4-105

第11步：如果觉得人物图像还是偏于暖色，可以再对图像整体使用"照片滤镜"命令，在"滤镜"下拉列表中选择"冷却滤镜"选项，然后选择喜欢的颜色，设置浓度参数，如图4-106所示。这样可以明显看到，人物图像中偏暖的部分也得到了改善。

图4-106

第 12 步：将当前画布中的显示效果盖印到一个新的图层中，然后把图层转换为智能对象，在菜单栏中选择"滤镜→锐化→USM 锐化"菜单命令，对图像进行一定的锐化处理，如图 4-107 所示，让图像变得更清晰。

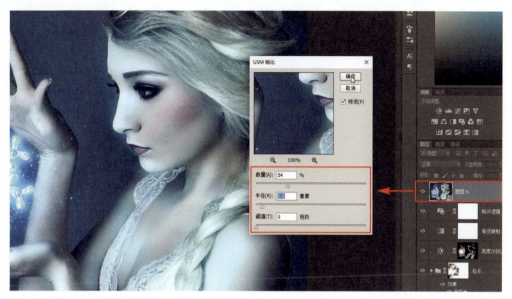

图4-107

至此就完成了一张拥有冰魔法的影像创意照了。当然除了冰魔法,大家还可以通过制作图像实现很多效果,比如火焰、闪电，等等。